黄淮海夏玉米化肥农药减施技术集成研究与应用成果丛书

黄淮海夏玉米化肥减施增效绿色生产关键技术

HUANGHUAIHAI XIAYUMI HUAFEI JIANSHI ZENGXIAO LÜSE SHENGCHAN GUANJIAN JISHU

孟庆锋　陈新平　主编

中国农业出版社
北　京

HUANGHUAIHAI XIAYUMI HUAFEI NONGYAO JIANSHI JISHU JICHENG
YANJIU YU YINGYONG CHENGGUO CONGSHU

黄淮海夏玉米化肥农药减施技术集成
研究与应用成果丛书

HUANGHUAIHAI XIAYUMI HUAFEI JIANSHI ZENGXIAO
LVSE SHENGCHAN GUANJIAN JISHU

黄淮海夏玉米化肥减施增效
绿色生产关键技术

主　编　孟庆锋　陈新平

编　委　朱安宁　信秀丽　张先凤
杨俊刚　郭家萌　赵亚南
马　玮　张　玲　罗　宁
郑文明　刘　娜　李攀峰

前言

作为全球第一大作物，玉米不仅是粮食，还是畜牧业重要的饲料来源。在有限耕地资源条件下实现玉米增产，保障粮食安全，是国际学术和产业界高度关注的问题。玉米单产提高依赖大量氮肥等资源投入，然而化学肥料不合理的利用导致温室气体排放增加，对生态系统和人类健康造成重要影响，“碳中和与碳达峰”目标面临挑战。因此，迫切需要化肥减施增效轻简化技术，同步提高玉米单产和养分资源利用率，实现良好的社会效益和经济效益。

黄淮海地区是我国玉米重要产区，其玉米生产显著影响国家粮食安全。中国农业大学联合中国科学院南京土壤研究所、中国农业科学院作物科学研究所、北京市农林科学院、河南农业大学等单位，建立了共性联网试验研究和示范平台，针对夏玉米化肥减施增效共性关键技术开展综合研究。联网研究覆盖黄淮海典型生态区和土壤类型，促进夏玉米化肥减施增效技术大面积推广应用，提高玉米综合生产能力，实现农民增产增收，带来了良好的经济效益。本书既是对联网研究成果的提炼，也是对黄淮海地区夏玉米化肥减施增效绿色生产技术的系统总结。其核心是在单项技术总结的基础上，形成了两大技术体系，包括夏玉米种肥同播一次性施肥技术体系和化肥有机替代减施增效技术体系。其中，夏玉米种肥同播一次性施肥技术体系包括夏玉米养分需求新特点、优质高效夏玉米品种的利用、高效新型肥料的创新与应用、精准施肥机械配套应用；化肥有机替代减施增效技术体系包括秸秆还田技术、化学氮肥部分有机替代技术、化学磷肥部分有机替代技术、绿肥间作技术。

全书共分10章，编写分工如下：第一章由孟庆锋、郭家萌、赵亚南、罗宁编写，第二章由张玲编写，第三章由杨俊刚编写，第四章由马玮编写，第五章由孟庆锋、李攀峰编写，第六至八章由朱安宁、信秀丽、张先凤编写，第九章由孟庆锋、陈新平编写，第十章由孟庆锋、郑文明、刘娜编写。全书由孟庆锋、陈新平组织编写并统稿完成。

本书的编写出版得到了国家重点研发计划项目（2018YFD0200601、2023YFE0105000）、河北省重点研发计划项目（22326408D）、拼多多-中国农业大学基金（PC2023B02006）、中国农业大学2115人才培育发展计划等项目资助，在此表示衷心感谢。特别感谢科技部和农业农村部的支持与指导，感谢各参与单位和专家的大力支持和辛勤付出。

由于编者水平有限，书中疏漏和不足之处在所难免，敬请读者批评指正。

编　者

2024年10月

前言

第 1 章　夏玉米养分需求新特点 ······ 1

1.1　研究方法 ······ 3
1.2　收获期籽粒产量、生物量和吸氮量 ······ 7
1.3　干物质和氮素累积动态规律 ······ 10
1.4　花前花后干物质和氮素累积规律 ······ 14
1.5　讨论和小结 ······ 15
参考文献 ······ 18

第 2 章　优质高效夏玉米品种的利用 ······ 22

2.1　研究方法 ······ 24
2.2　产量、施氮量和氮平衡 ······ 28
2.3　花前花后干物质累积与收获指数 ······ 30
2.4　花前花后吸氮量、氮收获指数与氮转移 ······ 34
2.5　讨论和小结 ······ 37
参考文献 ······ 40

第 3 章　高效新型肥料创新与应用 …… 46

3.1　研究方法 …… 47
3.2　主要肥料特点 …… 56
3.3　田间产量与氮肥效率 …… 58
3.4　植株阶段生长指标 …… 59
3.5　土壤无机氮供应动态 …… 60
3.6　土壤氨挥发和无机氮残留 …… 61
3.7　讨论和小结 …… 64
参考文献 …… 67

第 4 章　精准施肥机械配套应用 …… 70

4.1　研究方法 …… 71
4.2　国外播种施肥机械特点 …… 74
4.3　国内播种施肥机械特点 …… 76
4.4　应用不同机械的田间产量 …… 79
4.5　氮素利用效率 …… 81
4.6　讨论和小结 …… 85
参考文献 …… 87

第 5 章　化肥减施技术 Meta 分析 …… 90

5.1　研究方法 …… 91
5.2　总样本施氮量 …… 93
5.3　施氮方式对产量和氮素吸收利用的影响 …… 94
5.4　施氮方式对经济效益和温室气体排放的影响 …… 97
5.5　不同氮肥类型的一次性施肥对产量和氮素吸收利用的影响 …… 99

5.6　讨论和小结…………………………………………………… 101
参考文献 …………………………………………………………… 105

第6章　秸秆还田对玉米生产和养分利用的影响 ………… 108

6.1　研究方法………………………………………………………… 110
6.2　长期秸秆还田对产量和氮肥利用的影响 ……………… 112
6.3　长期秸秆还田对土壤综合肥力的影响 ………………… 114
6.4　长期秸秆还田对植株性状的影响 ……………………… 118
6.5　讨论和小结…………………………………………………… 119
参考文献 …………………………………………………………… 123

第7章　氮肥有机替代对玉米生产和养分利用的影响 …… 127

7.1　研究方法………………………………………………………… 129
7.2　系统减氮潜力 ………………………………………………… 131
7.3　有机肥替代部分化学氮肥对产量与氮肥
利用的影响…………………………………………………… 134
7.4　有机肥替代部分化学氮肥对土壤肥力的影响 ……… 135
7.5　讨论和小结…………………………………………………… 137
参考文献 …………………………………………………………… 140

第8章　磷肥有机替代对玉米生产和养分利用的影响 …… 143

8.1　研究方法………………………………………………………… 145
8.2　化学磷肥减施潜力 …………………………………………… 146
8.3　有机肥替代部分化学磷肥对产量的影响 ……………… 149
8.4　有机肥替代部分化肥对化学磷肥利用的影响 ……… 150
8.5　土壤有机质和有效磷变化特征 ………………………… 152
8.6　讨论和小结…………………………………………………… 153

参考文献 …………………………………………………………………… 155

第9章 化肥减施技术的农学、环境和社会经济效益 …… 159

9.1 研究方法…………………………………………………………… 161
9.2 产量和氮肥利用 ……………………………………………… 165
9.3 活性氮损失和氮足迹 ………………………………………… 167
9.4 温室气体排放和碳足迹 ……………………………………… 168
9.5 社会经济效益…………………………………………………… 172
9.6 讨论和小结……………………………………………………… 173
参考文献 …………………………………………………………………… 177

第10章 化肥减施技术的示范推广 ………………………… 183

10.1 主要技术集成 ………………………………………………… 183
10.2 示范推广体系 ………………………………………………… 184
10.3 示范应用效果 ………………………………………………… 189

附表 Meta分析文献列单 ………………………………………… 191

第1章　夏玉米养分需求新特点

作为我国第一大粮食作物，玉米在保证我国粮食安全方面起着举足轻重的作用。近年来，全国各地开展了轰轰烈烈的玉米高产田建设，取得了一系列进展，显著推动了玉米单产提升（陈国平等，2012；Chen et al.，2021）。然而，在实际生产中，由于对玉米干物质累积和氮素吸收规律等认识不足，农民盲目施用大量化肥来追求高产。比如，黄淮海夏玉米生产中，有研究指出农民氮肥施用量在 250 kg/hm^2 左右，远超过实际 150～200 kg/hm^2 的氮素需求量（陈新平等，2006；Cui et al.，2008）。肥料施用量大大超过了玉米正常生长发育需求，增加了其排放到环境中的风险，已经引起了一系列的生态环境问题（Zhang et al.，1996；Zhu and Chen，2002；Guo et al.，2010；Cassman and Dobermann，2021）。

夏玉米生产中，养分投入过量首先表现在氮肥施用总量偏高（Ju et al.，2009）。同时，由于缺乏对作物干物质累积和养分吸收动态规律的认识，生产中农民将大量肥料施用在玉米生育前期（Cui et al.，2008）。在生育前期，玉米养分吸收总量低，肥料的施用与作物的养分需求在时间上不一致。比如，在六叶期之前，玉米的氮素吸收量在 20～50 kg/hm^2，而农民的施肥量一般为 100 kg/hm^2，这导致在玉米生育前期大量养分在土壤中积累。由于我国大陆性季风气候的特点，这一时期（6～7 月）的短时强降雨较多，这会大大增加养分淋出根层，排放到环境中的风险（Zhao et al.，2006；Ju et al.，2009；Cassman and Dobermann，2021）。

在对当前作物认识上，大量的研究认为氮素和干物质的积累主要发生在开花期之前（Cox et al.，1985；Heitholt et al.，1990；Papakosta and Gagianas，1991）。比如，在小麦上的研究结果表明，64%的干物质积累在花前，36%的干物质积累在花后（Meng et al.，2013）。与之对应，80%的氮素积累在花前，20%积累在花后。小麦产量与各生育期的干物质生产和氮素积累关系显著。同时，花后的氮素吸收与产量之间关系不显著。然而，生产中发现高产玉米的花后干物质和氮素积累对产量的形成至关重要（王宜伦等，2011；Meng et al.，2018）。当前很少有研究探索作物尤其是高产作物干物质和氮素动态积累规律，尤其对高产玉米规律并不十分清楚。因此，高产作物的干物质和氮素积累动态规律需要进一步研究，这有助于进一步提高产量和氮肥利用效率，在生产中采取有针对性的管理措施。

氮肥管理同时也影响作物干物质和氮素累积（Latiri-Souki et al.，1998）。比如，氮肥的过量施用会导致氮素的奢侈吸收，氮素供应不足将会降低植株氮浓度，从而在一定程度上影响最终产量（Pask et al.，2012）。一些研究尝试根据作物生育过程积温或者生物量建立植株氮浓度的动态关系（Hansen et al.，1991；Justes et al.，1994）。比如，欧洲一些国家利用作物临界浓度曲线来确定作物的营养状况（Greenwood et al.，1990；Ziadi et al.，2010）。这些研究发现，作物种类一旦确定，作物生育期内临界浓度曲线仅跟生物量有关，与品种和生长环境没有关系。然而，最近的一些研究也发现，在我国特定的气候和生态条件下，氮的临界浓度曲线会发生一定变化

(Yue et al.，2012)。氮的临界浓度曲线等研究能够对作物的氮素营养状况给出比较准确的判断，但是在作物因氮素缺失需增施氮肥和作物氮过量需减施氮肥时，在数量上难以估算，从而使得在生产中难以根据该技术和原理开展有针对性的调控措施。

理解作物干物质和养分吸收总量和动态规律，同时研究它们与最终产量之间的关系，可以最终建立有针对性的农学管理措施，大幅度提高粮食产量和氮肥效率。因此，本文首先阐明了夏玉米生理成熟期作物干物质生产、氮素吸收和籽粒产量之间的规律。同时分析了不同氮肥管理措施（供氮水平）对这些规律的影响。在此基础上，分析了干物质和养分动态累积规律。最后，在生育动态中以花前花后的干物质生产和养分吸收作为重点，进行了阐述。

1.1 研究方法

在课题组原有数据库基础上，结合 2018 年以来建立的共性联网试验，共收集到 14 个点 14 个田间试验的结果。这些试验在我国夏玉米主产区开展，具体试验地点为：北京房山，河南温县、西平、浚县、新乡点 1 和 2，河北吴桥、定州、曲周点 1 和 2，山东济南、惠民、龙口和禹城。在这些区域内，冬小麦/夏玉米一年两熟是主要的农业生产体系。

以上区域气候类型属于温带大陆性季风气候，降雨量年际间变化较大，每年 70%～80%的降雨集中在夏玉米季（6～9月）。一般来说，夏季的降雨基本能够满足夏玉米的正常发育需求。但在一些年份的 6 月中上旬，气候较干旱，夏玉米播种后，需要灌水来保证出苗。

各试验点的试验年份、玉米品种数量、土壤质地及 0～30 cm土壤基础理化性质（有机质、全氮、Olsen-P、速效钾含量）如表 1-1 所示。

表 1-1　各田间试验站点、年份，玉米品种数量、土壤质地及 0～30 cm 土壤化学性质

站点	位置	年份	品种数量	土壤质地	有机质 (g/kg)	全氮 (g/kg)	有效磷 (mg/kg)	速效钾 (mg/kg)
北京								
1	房山	2019	1	壤土	26.1	1.2	15.4	145.0
河南								
2	温县	2009—2010	2	中壤	10.3	1.2	20.0	123.0
3	西平	2009	1	壤土	—	—	—	—
4	浚县	2009	1	壤土	—	—	—	—
5	新乡 1	2018—2019	1	壤土	13.5	1.0	10.3	184.8
6	新乡 2	2018—2019	2	壤土	10.1	0.7	0.6	65.0
河北								
7	定州	2009—2010	1	壤土	16.0	0.92	12.0	96.0
8	曲周 1	2008—2010	1	沙壤	14.2	0.8	7.0	125.0
9	曲周 2	2008—2011	1	沙壤	12.6	0.7	5.0	73.0
10	吴桥	2018—2020	2	壤土	21.0	1.08	6.8	110.9
山东								
11	惠民	2009—2010	1	壤土	10.6	1.0	18.0	96.0
12	龙口	2009—2010	1	壤土	13.3	1.08	24.0	157.0
13	禹城	2010	1	壤土	—	—	—	—
14	济南	2018—2020	2	壤土	15.2	0.6	10.1	97.5

1.1.1 试验设计

玉米田间试验的数据主要来自氮水平试验和不同作物生产体系试验，具体的田间试验设计如下。

2009—2010年两年，河南温县设置2品种6个氮水平试验：对照，优化（240 kg/hm^2），优化下调50%（120 kg/hm^2），优化下调75%（60 kg/hm^2），优化上调50%（360 kg/hm^2）和传统处理（450 kg/hm^2）。2009年，在西平点，设置5个氮水平试验：对照，优化（200 kg/hm^2），优化下调50%（100 kg/hm^2），优化上调50%（300 kg/hm^2）和传统处理（250 kg/hm^2）。2009—2010年在河北定州，设置5个氮水平试验：对照，优化（204 kg/hm^2），优化下调30%（143 kg/hm^2），优化上调30%（265 kg/hm^2），优化上调70%（347 kg/hm^2）。在2008—2010年曲周点，氮水平试验包括5个水平：对照，优化（优化处理根据根层实时监控技术确定），优化上调30%，优化下调30%和传统（250 kg/hm^2）。2018—2020年在北京房山、河北吴桥、山东济南、河南新乡开展黄淮海夏玉米减肥增效共性联网试验，设置5个氮肥梯度：对照，优化（180 kg/hm^2），优化下调（120 kg/hm^2），优化上调（240 kg/hm^2）和传统处理（300 kg/hm^2）。

同时，进一步总结了不同作物体系试验氮肥数据，根据氮肥投入处理，分为传统氮肥投入（农民传统体系，传统超高产体系）和优化氮肥投入（优化高产高效体系，综合管理体系）。2009年河南浚县点，农民传统体系氮肥投入量为354 kg/hm^2，优化高产高效体系为225 kg/hm^2，传统超高产体系为278 kg/hm^2，综合管理体系为375 kg/hm^2。在2009—2010年山东惠民点，四个作物体系的氮肥投入分别为：345 kg/hm^2、255 kg/hm^2、405 kg/hm^{2}和

365 kg/hm²。2009—2010 山东龙口点，四个作物体系的氮肥投入分别为：149 kg/hm²、234 kg/hm²、296 kg/hm² 和 356 kg/hm²。2008—2011 曲周点和 2010 年禹城点只包括农民传统体系和优化高产高效体系。在曲周，传统体系的氮肥投入为 250 kg/hm²，优化体系的氮肥投入根据根层养分调控技术确定。在禹城点，传统和优化体的氮肥投入分别为 180 kg/hm² 和 225 kg/hm²。

以上所有田间试验设置 3～4 次重复，随机区组排列。作物生育期磷、钾肥的使用根据土壤测试结果进行推荐施用。在各点上，夏玉米一般在 6 月中上旬播种，10 月上旬收获。在各点田间试验年份内，气候正常，夏玉米生长季内没有明显的水分胁迫和杂草、病虫害等发生。

1.1.2 各点取样和实验室分析

播前，各点分别采集了 0～30 cm 的基础土样，风干过筛。然后，对土壤进行实验室基础项目测定。测试项目主要包括有机质、全氮、Olsen-P、交换性钾。植物样品在杀青后放入 60℃烘箱恒温烘干称重，取部分样品磨碎采用凯氏定氮法测定植株氮含量。收获期各点根据小区面积选择测产样方测定产量。夏玉米籽粒的含水量最后统一用 14%校准。同时，各点收获期测定了亩穗数和穗粒数。

1.1.3 数据分析

收集到 14 个站点的 547 个数据共分为 3 组：供氮不足、供氮适量、供氮过量。根据这个划分标准，进一步分析了干物质和氮素积累规律。本文中分析了产量与产量三要素、阶段干物质积累和氮素吸收的关系。同时，根据以上试验数据分析了作物生育动态尤其是花前花后的干物质生产和养分吸收规律。

收获期，干物质再转移的数量为开花期茎叶生物量与收获期茎叶生物量的差值。氮素再转移的数量为开花期茎叶氮素吸收量与收获期茎叶氮素吸收量的差值。

主要结果如下：

1.2 收获期籽粒产量、生物量和吸氮量

本研究共收集到 547 个有效数据系列，平均产量为 10.2 t/hm²，最小产量为 2.0 t/hm²，最大产量为 16.3 t/hm²，标准差为2.0 t/hm²（表 1-2）。

表 1-2 总样本产量数据及分氮水平产量数据分布（t/hm²）

	样本量	均值	标准差	最小值	25%位数	中值	25%位数	最大值
总共	547	10.2	2.0	4.2	9.0	10.4	11.5	16.3
供氮不足	181	9.4	2.2	4.2	7.9	10.0	10.9	13.9
优化供氮	154	10.6	1.8	6.1	9.5	10.7	11.8	16.3
供氮过量	212	10.5	1.7	5.8	9.2	10.7	11.6	14.1

分析总样本数据发现，每生产 1 t/hm² 的籽粒产量，需要累积生物量 1.7 t/hm²，累积氮素 19.4 kg/hm²（图 1-1）。同时，与干物质累积的离散程度相比，氮素的离散度偏大。产量与生物量关系中，90%置信区间上下界线斜率相差仅为 0.8，而在产量与氮素关系中高达 12.6。

为进一步分析不同供氮水平对生物量、吸氮量和籽粒相互关系的影响，进一步把数据划分为 3 组：供氮不足、供氮

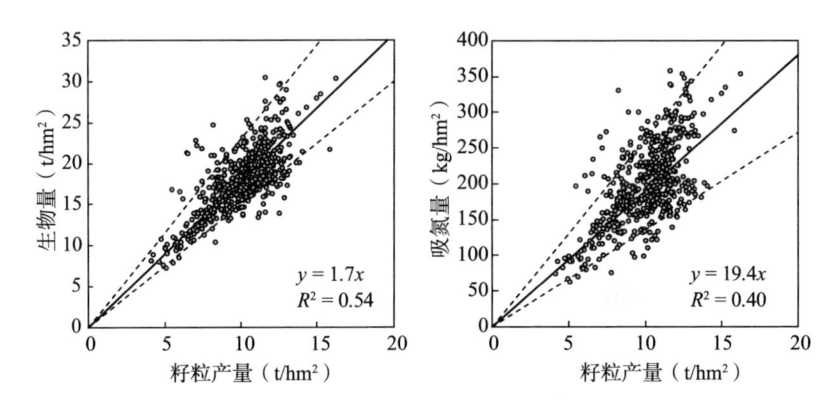

图 1-1　总样本籽粒产量与生物量和氮素累积关系（$n=547$）

注：图中显著性均达到 0.05 水平；实线为过原点回归线，虚线内为 90%置信区间线。

适量和供氮过量（表 1-2）。其中，供氮不足数据共有 181 个，平均产量为 9.4 t/hm²，变幅为 4.2～13.9 t/hm²。供氮适量数据 154 个，平均产量为 10.6 t/hm²，变幅为 6.1～16.3 t/hm²。供氮过量数据 212 个，平均产量为 10.5 t/hm²，变幅为 5.8～14.1 t/hm²。其中，供氮不足、供氮适量和供氮过量的施氮量分别为 64 kg/hm²、198 kg/hm² 和 311 kg/hm²，对应的三个供氮水平的氮素吸收量分别为 167 kg/hm²、210 kg/hm² 和 215 kg/hm²（图 1-2）。与优化供氮相比，供氮过量处理氮肥施用量增长了 57%（113 kg/hm²），但相应玉米产量却没有增加。同时，本结果表明，过量施用的氮肥并不会被作物吸收利用，这大大增加了其排放到环境中的风险。

在供氮不足条件下，每生产 1 t 玉米籽粒需要累积生物量 1.7 t/hm² 和氮素 17.7 kg/hm²（图 1-2）。优化和过量供氮条件下，1 t 玉米籽粒需要累积生物量均为 1.8 t/hm² 和氮素 20 kg/hm²。但是与优化供氮条件下产量和氮素吸收量关系（$R^2=0.36$）

相比，过量供氮下的 R^2 值（0.31）偏低。

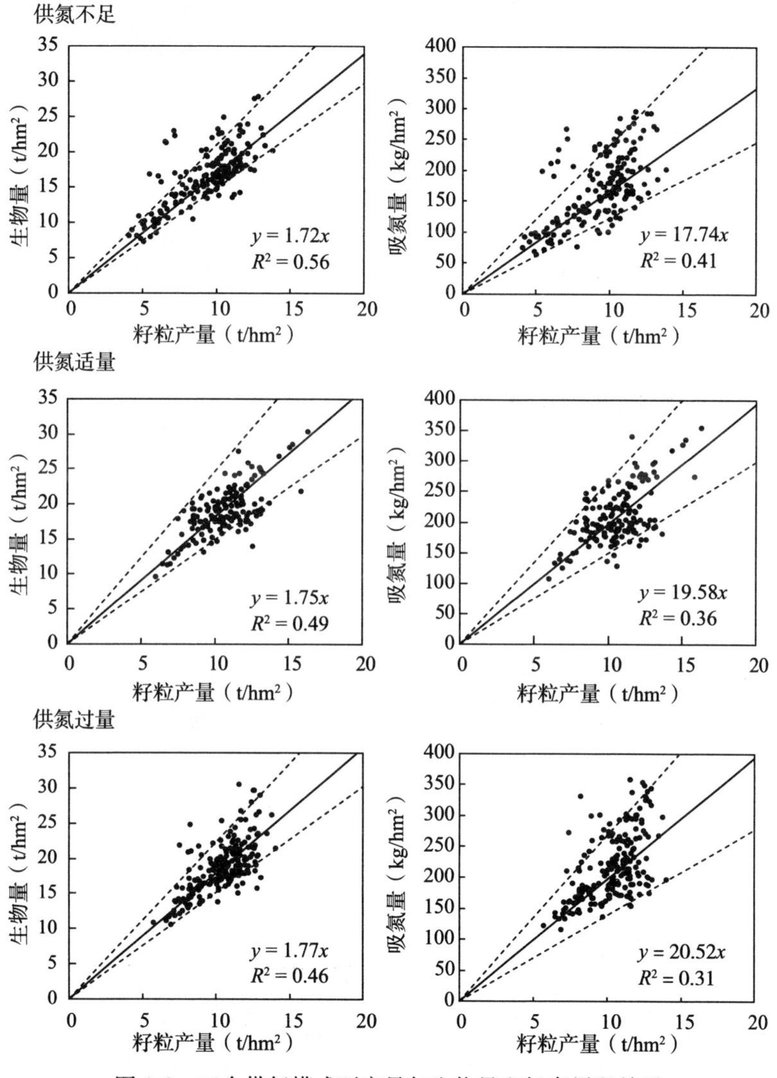

图 1-2 三个供氮模式下产量与生物量和氮素累积关系

注：图中显著性均达到 0.05 水平；实线为过原点回归线，虚线内为 90%置信区间线。

90%置信区间上下线之间斜率差值在一定程度上能反映数据相互关系的离散程度。就三个氮水平而言，籽粒产量与吸氮量之间关系数据的离散程度远大于籽粒产量与生物量之间关系。三个氮水平下籽粒产量与生物量之间关系的90%置信区间上下线之间斜率差值分别为：0.61、0.98和0.72，相互间差异不大。但对于籽粒产量与吸氮量之间关系来说，差异较大，差值分别为：11.86、11.82和12.94。过量施氮处理关系离散程度明显高于供氮不足和优化施氮。

1.3 干物质和氮素累积动态规律

在上述分析养分和干物质总量规律基础上，进一步筛选了优化供氮条件下生育动态取样数据。总共有81组数据，平均产量为10.3 t/hm^2。最低产量为6.1 t/hm^2，最高产量为16.3 t/hm^2，标准差为2.1 t/hm^2（表1-3）。

表1-3 优化供氮条件下具有六叶和开花期动态数据的产量分布（t/hm^2）

	样本量	均值	标准差	最小值	25%位数	中值	75%位数	最大值
全部	81	10.3	2.1	6.1	8.8	10.2	11.8	16.3
产量分级								
<8 t/hm^2	10	7.2	0.6	6.1	6.7	7.2	7.8	7.9
8～10 t/hm^2	29	9.1	0.5	8.2	8.2	9.1	9.5	10.0
>10 t/hm^2	42	12.0	1.4	10.1	11.1	11.7	12.7	16.3

按照不同产量水平，81组数据进一步划分为3类：<8 t/hm^2（低产），8～10 t/hm^2（中高产）和>10 t/hm^2（高产）。其中低产共有10组数据，平均产量为7.2 t/hm^2，变幅为6.1～7.9 t/hm^2。中高产29组数据，平均产量为9.1 t/hm^2，变幅

为 8.2～10.0 t/hm²。高产有 42 组数据，平均产量为 12.0 t/hm²，变幅为 10.1～16.3 t/hm²。三个产量水平的密度为 7.2 万～7.3 万株/hm²，产量差距的主要原因是高产玉米具有更高的穗粒数和千粒重（表 1-4）。高产玉米的穗粒数和千粒重平均为每穗 475 粒和 304 g，均是对应低产水平的 1.1 倍左右。

表 1-4 优化供氮条件下具有六叶和开花期动态数据的处理最终产量构成

产量	公顷穗数（万 hm²）	穗粒数（粒）	千粒重（g）
＜8 t/hm²	7.2±0.7	442±54	257±15
8～10 t/hm²	7.3±0.7	429±47	271±33
＞10 t/hm²	7.3±0.5	475±76	304±36

在六叶期，三个产量水平的干物质累积量分别为：0.5 t/hm²、0.7 t/hm²和 1.2 t/hm²（图 1-3）。平均来看，各处理分别积累了收获期 5%左右的生物量。在开花期，各处理的生物量累积有一定的差异。三个产量水平生物量分别为 6.2 t/hm²、7.4 t/hm²和 8.8 t/hm²，占收获期总生物量的 50%、42%和 40%。这表明，六叶至开花期三个产量水平累积的生物量为总生物量的

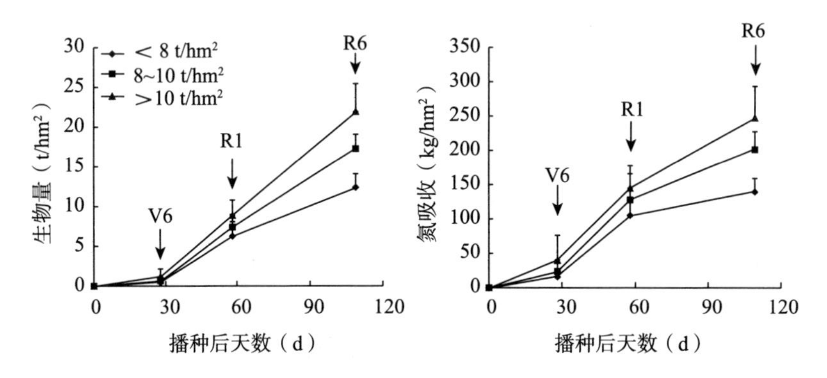

图 1-3 优化供氮条件下三个产量水平玉米干物质和氮素累积动态（n=81）

注：V6、R1 和 R6 分别代表六叶、吐丝和收获期。

46%、38%和34%。对于低产玉米来说，六叶至开花期积累了接近一半的总生物量。花后，三个产量水平的干物质积累量分别为6.1 t/hm^2、10.0 t/hm^2和13.1 t/hm^2，占收获期总生物量的49%、57%和59%。这表明，与低产水平相比，高产玉米花后的干物质累积比例在提高。

就干物质累积速度来说，三个产量水平在播种到六叶期日累积速率分别为19 kg/hm^2、25 kg/hm^2和43 kg/hm^2。高产玉米的前期累积速率是低产和中高产的2.2倍和1.7倍，这说明高产玉米在前期能够较快地生长，短时期内形成良好的冠层结构，有利于截获更多光资源。六叶至开花期，高产玉米干物质日累积速率为254 kg/hm^2，分别是低产下190 kg/hm^2的1.3倍、中高产223 kg/hm^2的1.1倍。花后，低产和中高产水平的日累积速率分别为120 kg/hm^2和194 kg/hm^2，与相应的六叶至开花期的速率相比，分别下降了37%和13%。花后高产玉米的日累积速率较高，平均每天256 kg/hm^2，与六叶至开花期速率基本没有差异。

在六叶期，三个产量水平的氮吸收分别为16 kg/hm^2、23 kg/hm^2和40 kg/hm^2。低产和中高产玉米的氮素吸收占收获期吸氮总量的10%左右。高产条件下，这个时期的氮吸收约为生育期吸氮的16%。六叶至开花期，低产玉米吸氮量为89 kg/hm^2，为其全部吸氮量的64%。这个时期，中高产氮素吸收比例为52%，高产下仅为43%。开花期，三个产量水平玉米的氮素吸收为相应总氮吸收的75%、63%和58%。花后，三个产量水平玉米的氮素吸收量分别为35 kg/hm^2、74 kg/hm^2和102 kg/hm^2。相应地，花后三个产量水平玉米的氮素吸收为相应总氮吸收的25%、37%和42%。这说明随着产量的增加，更多的氮素累积来自花后。

分析各个时期的氮素吸收速度发现，在播种至六叶期，高产玉米的氮素吸收速度最大，为 1.72 kg/hm^2，是低产玉米 0.57 kg/hm^2的 3.1 倍、中高产玉米 1.46 kg/hm^2的 1.2 倍。在六叶至开花期，三个产量水平玉米的氮素吸收速率基本相同，每天为 3.0～3.5 kg/hm^2。花后，高产玉米的氮素日积累速率最大，为 2.0 kg/hm^2，是低产玉米 0.68 kg/hm^2的 2.9 倍、中高产玉米 1.45 kg/hm^2的 1.4 倍。生育前期较大的生物量和氮素累积速率，促使作物在较短时期内形成良好冠层。生育后期尤其是花后的较大生物量和氮素累积速率能够延缓衰老，提高灌浆速度，从而最终提高籽粒产量。

为了进一步理解动态干物质和养分吸收规律，进一步分析了生育过程中干物质和氮素累积与产量的关系（表 1-5）。分析发现，六叶期、开花期和花后和最终生物量与产量关系显著。但是花后干物质的再转移与产量之间关系不显著。与干物质累积相似，各时期的氮素吸收与最终籽粒产量关系显著，花后氮素的再转移与产量之间关系不显著。同时，收获期群体密度与产量关系不显著，穗粒数和千粒重与产量关系显著。

表 1-5　产量构成要素、动态干物质和氮素累积与产量的相关性

		平均值	相关系数 r
产量要素	单位面积穗数（万 hm^2）	7.3	−0.01
	穗粒数（粒）	458	0.49^{**}
	千粒重（g）	290	0.49^{**}
干物质	六叶期（t/hm^2）	1.0	0.53^{**}
	六叶至开花期（t/hm^2）	7.1	0.50^{**}
	开花期（t/hm^2）	8.0	0.57^{**}
	花后（t/hm^2）	11.1	0.68^{**}
	收获（t/hm^2）	19.1	0.86^{**}
	再转移（t/hm^2）	0.9	0.13

（续）

		平均值	相关系数 *r*
氮素	六叶期（kg/hm²）	31	0.50**
	六叶至开花期（kg/hm²）	103	0.04
	开花期（kg/hm²）	134	0.43**
	花后（kg/hm²）	84	0.56**
	收获（kg/hm²）	218	0.82**
	再转移（kg/hm²）	40	−0.13

1.4 花前花后干物质和氮素累积规律

为了进一步分析花前花后干物质和氮素累积规律，进一步将数据库中优化施氮处理的开花期取样数据进行分析，共收集到 145 个数据系列。这 145 个数据系列的平均产量为 10.5 t/hm²，最小值为 6.1 t/hm²，最大值为 16.3 t/hm²（表 1-6）。根据产量水平，进一步将数据分为 3 组。低产数据系列为 12 组，平均产量 7.3 t/hm²，变幅为 6.1～8.0 t/hm²；中高产数据系列为 42 组，平均产量为 9.1 t/hm²，变幅为 8.1～10.0 t/hm²；高产数据共 91 组数据，产量平均为 11.6 t/hm²，最低为 10.0 t/hm²，最高为 16.3 t/hm²。

表 1-6 优化供氮条件下具有开花期动态数据的产量分布（t/hm²）

	样本量	均值	标准差	最小值	25%位数	中值	75%位数	最大值
全部	145	10.5	1.8	6.1	9.2	10.6	11.7	16.3
产量水平								
<8 t/hm²	12	7.3	0.6	6.1	6.9	7.4	7.8	8.0
8～10 t/hm²	42	9.1	0.5	8.1	8.6	9.1	9.5	10.0
>10 t/hm²	91	11.6	1.2	10.0	10.7	11.5	12.2	16.3

分析花前花后的干物质和氮素累积量和比例可以看出，随着产量水平的提高，花后干物质和氮素的累积比例在显著增大（表1-7）。当产量小于 8 t/hm² 时，花后的干物质累积量为 6.7 t/hm²，为总生物量的 52%。当产量进一步提高到 8～10 t/hm² 时，花后干物质的累积量为 9.3 t/hm²，累积比例升高到 55%。当产量再进一步上升时，累积量在增加，但是花后干物质的累积百分比没有增加。当产量小于 8 t/hm² 时，花后的氮素吸收为 41 kg/hm²，为总氮吸收的 28%。当产量进一步提高到8～10 t/hm² 时，花后氮素吸收量为 62 kg/hm²，为总氮吸收的 32%。当产量高于 10 t/hm² 时，花后吸氮比例提高到 40%，为 89 kg/hm²。以上结果进一步说明，在高产玉米生产中，应加强花后调控，以积累更多的干物质和氮素，从而最终提高产量。

表 1-7　优化供氮条件下不同产量水平玉米干物质和氮素累积量和比例

	产量	干物质		氮素	
		花前	花后	花前	花后
累积量（t/hm²）	<8 t/hm²	6.2±1.8	6.7±3.5	106±38	41±66
	8～10 t/hm²	7.8±1.8	9.3±2.9	130±37	62±37
	>10 t/hm²	8.9±1.4	11.2±3.0	139±22	89±39
累积比例*（%）	<8 t/hm²	48	52	72	28
	8～10 t/hm²	45	55	68	32
	>10 t/hm²	44	56	60	40

注：* 累积比例为花前或者花后干物质与收获期总干物质量的比值。

1.5　讨论和小结

1.5.1　讨论

同步实现作物高产和氮素等资源高效利用，实现绿色可持续生产的目标是当前作物生产面临的重要挑战（Matson et al.，

1998；Zheng et al.，2004；Foley et al.，2011；Tilman et al.，2011)。总结 547 组数据系列发现，优化施氮量为 198 kg/hm^2，供氮过量的施氮量为 311 kg/hm^2，而两者的产量均为 10.0 t/hm^2 左右。这表明过量施氮并没有带来生物量的增加和产量的提高，该结果与其他同类研究结果相似（Hou et al.，2012)。在本研究中，优化和过量施氮处理的吸氮量均为 210 kg/hm^2 左右，而过量施氮处理氮肥施用量远超过需求量。这说明，大量氮素将留在土壤中，极易向环境中排放，引发一系列的生态环境问题。

动态累积数据发现，与干物质累积最快的六叶至开花期相比，高产条件下的干物质累积速率在花后几乎没有下降，而在低产和中高产条件下花后的干物质累积速率明显下降（图 1-3)。对氮素累积速度来说，花后高产玉米的氮素日积累速率最大，为 2.0 kg/hm^2，是低产玉米的 2.9 倍、中高产玉米的 1.4 倍。这表明，高产玉米在花后仍然保持了较高的干物质累积和氮素吸收比例。较高的干物质积累和氮素吸收，有助于保持叶片的持绿性，延缓叶片早衰，从而保持冠层较高的光合强度，有利于提高产量 (Cardwell，1982；Ta and Weiland，1992；Duvick and Cassman，1999)。美国玉米的高产经验表明，延缓花后尤其是生育后期叶片衰老速度，是产量提高的重要原因（Thomas and Howarth，2000；Lee and Tollenaar，2007；Chen et al.，2021)。

同时，研究发现在小于 8 t/hm^2 的产量条件下，花后干物质的累积比例在 52%左右（表 1-7)，这与国际上同类研究的结果相似（Lee and Tollenaar，2007)。进一步研究发现，当产量水平进一步提高，花后干物质的累积比例会上升。当产量达到 10 t/hm^2 时，花后干物质的累积比例会提高到 56%。同时，相关性分析的结果也表明，花后干物质积累与产量呈显著正相关关系，这与我国高产夏玉米生产中的研究结论一致（王宜伦等，2011；Meng et al.，2018）。这些结果说明，在生产中应加强开花期以后的管理措施，以最终提高产量。

对氮素吸收来说，花后氮素积累比例由低产的28%增加到高产的40%。花后的氮素吸收与产量呈显著正相关关系，对最终产量的形成至关重要。主要是因为高产条件下，花后叶片和茎秆持绿需要维持较高的氮含量，从而大大降低了氮素的再转移量（Yan et al.，2014）。玉米需要吸收大量的氮素来保持绿叶面积，增强光合作用，满足灌浆期对干物质和养分的需求（Lee and Tollenaar，2007）。

研究同时说明了播种至六叶期干物质及氮素积累的重要性（图1-3）。这主要是在玉米生育前期，玉米需要尽快形成良好的冠层结构，以有效地获取光温资源。这说明前期的播种质量和作物栽培管理措施也比较重要。然而，在生产中，农民习惯在前期氮肥投入严重过量，比如播前一次性施入氮肥100 kg/hm^2。本研究发现，即使在大于10 t/hm^2的产量水平下，播种至六叶期的氮素吸收量也不足40 kg/hm^2（图1-3）。大量氮肥存在于土壤中，加大损失到环境中的风险。这同时也表明，要实现作物的高产单靠施肥措施是不够的，需要与栽培、植保等措施的结合（Chen et al.，2014）。

本研究进一步表明了玉米花后干物质和氮素累积的重要性。在生产中，在前期良好的播种质量和作物管理措施的基础上，应通过综合管理措施来加强花后的调控，增大生物量和氮素的累积，从而最终提高产量，取得良好的经济效益（Chen et al.，2011）。然而，由于玉米植株相对高大，田间实际生产中后期管理有一系列的现实制约问题，如何加强后期管理，同步提高玉米产量和氮肥利用效率将面临诸多的挑战。

1.5.2 小结

由于缺少氮素供应对不同产量玉米干物质和氮素累积影响的知识，在生产中农民施肥量过大且施肥时期不合理，引起了大量的生态环境问题。理解玉米干物质和氮素动态累积规律，有助于在生产中建立有针对性的调控措施。研究发现，肥料过量投入不但没有导致产量的显著增加，吸氮量也没有大幅度增长，却大大增加了环境风险。

与传统的认识不同，本研究发现花后干物质生产和氮素累积对最终产量形成至关重要。花后干物质生产比例由低产的52%上升到高产的56%左右。同时，氮素吸收比例由低产的28%增加到高产的40%。这表明，在生产中应当注重花后的调控措施，以提高产量。

在生产中，农民在玉米生育前期大量施入氮肥，比如播前一次性施入肥料，造成了养分高损失的风险。本研究发现，在作物管理中，生育前期应通过良好的播种质量等措施，保证群体质量。在花后，通过综合管理措施来加强调控，大幅度增加该阶段生物量和氮素的累积，从而最终提高产量。

参考文献

陈国平，高聚林，赵明，等，2012. 近年我国玉米超高产田的分布、产量构成及关键技术分析．作物学报，38（1）：80-85.

陈新平，张福锁，2006. 小麦-玉米轮作体系养分资源综合管理理论与实践. 北京：中国农业大学出版社．

王宜伦，李潮海，谭金芳，等，2011. 氮肥后移对超高产夏玉米产量及氮素吸收和利用的影响．作物学报，37（2）：339-347.

Cardwell V，1982. Fifty years of Minnesota corn production：Sources of yield increase. Agron. J., 74 (6): 984-990.

Cassman K G, Dobermann A, 2021. Nitrogen and the future of agriculture: 20 years on. Ambio, 51 (1): 17-24.

Chen F J, Liu J C, Liu Z G, et al., 2021. Breeding for high-yield and nitrogen use efficiency in maize: Lessons from comparison between Chinese and US cultivars. Adv. Agron., 166: 251-275.

Chen X P, Cui Z L, Fan M S, et al., 2014. Producing more grain with lower environmental costs. Nature, 514 (7523): 486-489.

Chen X P, Cui Z L, Vitousek P M, et al., 2011. Integrated soil-crop system management for food security. Proc. Natl. Acad. Sci. USA, 108 (16): 6399-6404.

Cox M C, Qualset C O, Rains D W, 1985a. Genetic-variation for nitrogen assimilation and translocation in wheat . 1. dry-matter and nitrogen accumulation. Crop Sci., 25 (3): 430-435.

Cox M C, Qualset C O, Rains D W, 1985b. Genetic-variation for nitrogen assimilation and translocation in wheat. 2. nitrogen assimilation in relation to grain-yield and protein. Crop Sci., 25 (3): 435-440.

Cui Z, Chen X, Miao Y, et al., 2008. On-farm evaluation of the improved soil N (min) -based nitrogen management for summer maize in North China Plain. Agron. J., 100 (3): 517-525.

Duvick D N, Cassman K G, 1999. Post-green revolution trends in yield potential of temperate maize in the North-Central United States. Crop Sci., 39 (6): 1622-1630.

Foley J A, Ramankutty N, Brauman K A, et al., 2011. Solutions for a cultivated planet. Nature, 478 (7369): 337-342.

Greenwood D J, Lemaire G, Gosse G, et al., 1990. Decline in percentage N of C3 and C4 crops with increasing plant mass. Ann. Bot., 66 (4): 425-436.

Guo J H, Liu X J, Zhang Y, et al., 2010. Significant acidification in major chinese croplands. Science, 327 (5968): 1008-1010.

Hansen S, Jensen H E, Nielsen N E, et al., 1991. Simulation of nitrogen dynamics and biomass production in winter-wheat using the Danish simulation-model Daisy. Fert. Res., 27: 245-259.

Heitholt J J, Croy L I, Maness N O, et al., 1990. Nitrogen partitioning in genotypes of winter-wheat differing in grain N-concentration. Field Crops Res., 23 (2): 133-144.

Hou P, Gao Q, Xie R, et al., 2012. Grain yields in relation to N requirement: Optimizing nitrogen management for spring maize grown in China. Field Crops Res., 129: 1-6.

Ju X T, Xing G X, Chen X P, et al., 2009. Reducing environmental risk by improving N management in intensive Chinese agricultural systems. Proc. Natl. Acad. Sci. USA, 106 (9): 3041-3045.

Justes E, Mary B, Meynard J M, et al., 1994. Determination of a critical nitrogen dilution curve for winter-wheat crops. Ann. Bot., 74 (4): 397-407.

Latiri-Souki K, Nortcliff S, Lawlor D W, 1998. Nitrogen fertilizer can increase dry matter, grain production and radiation and water use efficiencies for durum wheat under semi-arid conditions. Eur. J. Agron., 9 (1): 21-34.

Lee E A, Tollenaar M, 2007. Physiological basis of successful breeding strategies for maize grain yield. Crop Sci., 47: 202-215.

Matson P A, Naylor R, Ortiz-Monasterio I, 1998. Integration of environmental, agronomic, and economic aspects of fertilizer management. Science, 280 (5360): 112-115.

Meng Q F, Cui Z L, Yang H S, et al., 2018. Establishing high-yielding maize system for sustainable intensification in China. Adv. Agron., 148: 85-105.

Meng Q F, Yue S C, Chen X P, et al., 2013. Understanding dry matter and nitrogen accumulation with time-course for high-yielding wheat production in China. PLoS One, 8 (7): e68783.

Papakosta D K, Gagianas A A, 1991. Nitrogen and dry-matter accumulation, remobilization, and losses for Mediterranean wheat during grain filling. Agron. J., 83 (5): 864-870.

Pask A J D, Sylvester-Bradley R, Jamieson P D, et al., 2012. Quantifying how winter wheat crops accumulate and use nitrogen reserves during growth. Field Crops Res., 126: 104-118.

Ta C T, Weiland R T, 1992. Nitrogen partitioning in maize during ear development. Crop Sci., 32 (2): 443-451.

Thomas H, Howarth C J, 2000. Five ways to stay green. J. Exp. Bot., 51: 329-337.

Tilman D, Balzer C, Hill J, et al., 2011. Global food demand and the sustainable intensification of agriculture. Proc. Natl. Acad. Sci. USA, 108 (50): 20260-20264.

Yan P, Yue S C, Qiu M L, et al., 2014. Using maize hybrids and in-season nitrogen management to improve grain yield and grain nitrogen concentrations. Field Crop Res., 166: 38-45.

Yue S C, Meng Q F, Zhao R F, et al., 2012. Critical nitrogen dilution curve for optimizing nitrogen management of winter wheat production in the North China Plain. Aron. J., 104 (2): 523-529.

Zhang W L, Tian Z X, Zhang N, et al., 1996. Nitrate pollution of groundwater in northern China. Agric. Ecosyst. Environ., 59 (3): 223-231.

Zhao R F, Chen X P, Zhang F S, et al., 2006. Fertilization and nitrogen balance in a wheat-maize rotation system in North China. Agron. J., 98 (4): 938-945.

Zheng X H, Han S H, Huang Y, et al., 2004. Re-quantifying the emission factors based on field measurements and estimating the direct N_2O emission from Chinese croplands. Glob. Biogeochem., 18 (2): GB2018.

Zhu Z L, Chen D L, 2002. Nitrogen fertilizer use in China - contributions to food production, impacts on the environment and best management strategies. Nutr. Cycl. Agroecosyst., 63: 117-127.

Ziadi N, Belanger G, Claessens A, et al., 2010. Determination of a critical nitrogen dilution curve for spring wheat. Agron. J., 102 (1): 241-250.

第2章　优质高效夏玉米品种的利用

在过去几十年中，由于遗传改良和管理不断进步，玉米产量大幅提升（Cardwell，1982；Khush，1999；Tollenaar and Lee，2002；Duvick，2005）。其中，玉米单产不断提升得益于氮肥等资源大量投入。单产水平提高，也带来了一系列的问题，氮肥投入过量和籽粒品质下降等是迫切需要解决的两个问题（Duvick and Cassman，1999；Ciampitti and Vyn，2012）。玉米是动物饲料的重要来源，在优化氮肥管理提高氮肥利用效率的前提下，如何进一步提升籽粒蛋白含量是集约化玉米生产的重要挑战。筛选并利用氮肥高效利用优质-高产品种是破解这一问题的重要突破口。

作物籽粒产量取决于总生物量积累及其分配到籽粒的比例（收获指数，HI）。绿色革命以来，小麦和水稻单产提高很大程度上归功于收获指数的显著改善，玉米单产增加主要来源于生物量积累，收获指数进一步改善的空间不大（Tollenaar and Aguilera，1992；Meng et al.，2018）。持绿型玉米品种因具有较高的光合生产能力，得到了较大面积推广应用（Tollenaar and Lee，2006）。较高的干物质含量需要同步增加氮素供应，可通过两种可能途径提高籽粒蛋白质含量：一是通过直接增加植株对氮的吸收，二是通过增加氮分配给籽粒（氮收获指数，NHI）。与之相似，玉米生理成熟期的籽粒氮吸收可以分为两个来源：一是花后氮素的直接吸收（占籽粒氮的35%～

55%)，二是从花前营养器官氮素再转移到籽粒（占籽粒氮的45%～65%)。在以上两个过程中，不同的比例主要取决于品种基因型、环境、管理（Hirel et al.，2007)。有研究发现，花前营养器官氮素再转移和花后氮素的吸收之间存在矛盾（Pommel et al.，2006；Ciampitti and Vyn，2013)。因此，协同实现玉米高产、氮肥高效利用、品质优良的核心在于提高花后氮的吸收同时不降低氮转移效率。

品种遗传改良极大地增加了玉米的籽粒产量（Duvick，2005)。与历史上的黄熟型品种相比，现代绿熟型品种主要通过更高的花后氮素吸收和生物量积累来实现高产（Ciampitti and Vyn，2012)，生育中后期（开花后）叶片衰老得到延缓（Tollenaar and Lee，2006；Echarte et al.，2008)。然而，绿熟型品种通常具有较低的氮素转移效率，因为成熟时较高比例的氮素保留在叶和茎器官中（Rajcan and Tollenaar，1999；Pommel et al.，2006)，从而减少了氮素的再转移。同时，某些玉米品种具有较高的籽粒蛋白质浓度，具有不同的氮素代谢机制，比如具有较高的氮收获指数。然而，这些优质（高蛋白）基因型玉米产量一般偏低（Below et al.，2004；Uribelarrea et al.，2007)。最近的一些研究表明，由于不同的氮素利用机理，某些玉米杂交种显示出同时获得高产和高籽粒蛋白质浓度的潜力（Chen et al.，2014；Yan et al.，2014)。当前大量研究集中在新旧品种之间籽粒氮浓度和氮效率的变化及其对密度等管理措施的响应（Ciampitti and Vyn，2012；Chen et al.，2015，Chen and Vyn，2017)。具有较高氮吸收和氮分配特性的现代玉米品种可以在花前营养器官氮素再转移和花后氮素的吸收之间达到平衡，从而协同提高产量和籽粒蛋白质含量，这需要进一步深入研究。

土壤氮素供应与作物氮素需求相匹配是氮素管理的主要目标（Chen et al.，2011）。高产玉米不仅有较高的总氮素需求，而且也有较高的花后氮素需求（Ciampitti and Vyn，2013；Meng et al.，2018）。优化的氮肥管理措施有利于产量和籽粒蛋白质含量的协同提升（Gehl et al.，2005；DaSilva，2005；Meng et al.，2016）。土壤无机氮是作物重要的氮来源，有效地利用残留的土壤无机氮是优化氮素管理并降低硝酸盐淋洗风险的关键（Cui et al.，2008；Machet et al.，2017）。

在本研究中，使用 3 个高产玉米品种和 4 个氮处理进行了为期 2 年的田间试验，分析了三种玉米品种干物质、籽粒蛋白质浓度、生物量积累、收获指数、氮素吸收和再转移、氮收获指数对氮肥的响应。本研究目标是筛选协同实现氮肥高效、品质优良、产量较高的品种，同时解析同步实现上述多重目标的主要机制。

2.1 研究方法

2.1.1 试验条件

田间试验于 2015—2016 年在中国农业大学曲周实验站开展，该点具体的土壤理化性质见上文。2015 年和 2016 年夏玉米季的平均气温分别为 23.9℃和 23.6℃，总降水量分别为 256 mm和 442 mm。玉米播种后，进行 90 mm 灌溉以保证出苗。

2.1.2 试验设计

试验采用裂区试验设计，设有 4 个重复。主区为 4 种不同的氮处理，裂区为3个玉米品种。主区规模为宽15 m×长20 m，裂区为宽5 m×20 m。氮处理如下：不施氮（对照，CK），优化施氮处理（Opt. N），优化下调处理——70%的优化施氮量（Opt. N×70%），优化上调处理——130%的优化施氮量（Opt. N×130%）。优化施氮量是基于根层氮素实时监控技术（Chen et al.，2011）。播种前，基肥施用45 kg/hm^{2}氮肥。在六叶期（V6）到开花（R1）阶段和R1达到生理成熟期（R6）两个阶段，通过相应的氮素目标值（185 kg/hm^{2}和160 kg/hm^2）减去根层（V6到R1阶段根层深度为0～60 cm，R1到R6根层深度为0～90 cm）测得土壤无机氮含量来计算两个阶段的优化施氮量。如表2-1所示，氮肥以尿素形式施用。播种前将45 kg/hm^2 P_2O_5和90 kg/hm^2 K_2O，通过旋耕将其掺入0～30 cm的土层中。在V6和R1阶段，通过撒施尿素追肥。玉米品种分别为先玉1266（XY1266）、郑单958（ZD958）和登海618（DH618）。其中，ZD958是华北平原广泛种植的品种（Zhang et al.，2013），XY1266是美国杜邦先锋良种公司2014年培育投入市场品种，DH618曾获我国玉米高产纪录（Liu et al.，2017b）。三个品种的生育期积温在2015年和2016年相似，分别为1 705℃和1 786℃。冬小麦收获后，三个品种分别在2015年6月10日和2016年6月12日播种，行距为60 cm，株距为18.5 cm。种植密度为华北平原适宜高产密度（9万株/hm^2，Ren et al.，2017）。除CK处理外，XY1266和DH618的R1阶段在8月5日，ZD958在8月8日；在CK处理中，由于氮缺乏而延迟了开花，XY1266和DH618发生在8月8日，ZD958发生在8月10日。R6阶段，籽粒出现黑层时，收获测产。收获日期分别为2015年10月3日和2016年10月2日。在各品种生育期内，病虫害、杂草等得到了有效控制。

表 2-1 2015 年和 2016 年两季玉米不同氮处理的氮肥施用量（kg/hm²）

处理	2015				2016			
	总量	播前	六叶期	开花期	总量	播前	六叶期	开花期
CK	0	0	0	0	0	0	0	0
Opt. N×70%	102	32	49	21	139	31	69	39
Opt. N	145	45	70	30	199	45	99	55
Opt. N×130%	189	59	91	39	259	59	129	71

2.1.3 取样与分析

在 R6 期，每个小区选取中间四行 12 m^2（5 m×2.4 m）面积收获地上部植株，烘干籽粒至恒重后计算籽粒干物重和产量。在 R1 期、乳熟期（R2）、蜡熟期（R4）和 R6 期，在每个小区收获有代表性的六株相邻植株，并分成叶、茎（叶鞘、雄穗、苞叶和穗轴）和籽粒（R2、R4 和 R6 期）来确定地上部生物量。将所有植物样品在 70℃烘箱中烘干，直到达到恒定重量，然后称重以计算生物量。HI 由籽粒干物质除以 R6 阶段总生物量确定。所有的样品粉碎后用H_2SO_4-H_2O_2方法矿化后，用凯氏定氮法测定植株氮浓度（Horowitz，1970）。籽粒蛋白质含量通过籽粒氮浓度乘以系数 6.5 计算而来（Da Silva et al.，2005）。在 V6、V10、R1、R2、R4 和 R6 期，测量所取 6 株植株的绿叶长和宽，叶面积指数（LAI）通过公式：叶面积指数＝叶长×叶宽×叶面积系数/植株占地面积计算。其中，全部展开叶系数为 0.75，未展开叶为 0.5（Bertin and Gallais，2000）。

在 R1、R2、R4 和 R6 期，在上午（9：00—12：00）使

用便携式光合作用设备（LCpro-SD；ADC BioScientific Ltd.，Hoddesdon，英国）测量净光合速率（Pn）。在自然光条件下测量，光强度为1 000～1 500 μmol/(m^2·s)。从每个小区中选出3片玉米穗位叶来测量Pn。Opt. N处理的每个品种中选取5个代表穗位叶，测量叶面积、叶片干物质和叶片氮浓度以确定比叶氮（每单位叶面积的叶氮含量，SLN）。同样，在R1、R2、R4和R6期，使用SPAD-502叶绿素仪（Minolta，Ramsey，NJ，美国）测量叶绿素含量（SPAD值），测量位置为距耳叶三分之一处（纵向），将每种处理的30个测量值的平均值作为最终结果。

基于以上测量，计算出以下几个参数（Mi et al.，2003；Chen et al.，2013）：

$$比叶氮（g/m^2）=\frac{叶片氮含量}{叶片面积}$$

花后氮吸收（kg/hm^2）=成熟期氮吸收－开花期氮吸收

$$花后氮吸收比例（\%）=\frac{花后氮吸收}{成熟期氮吸收}\times 100$$

秸秆氮再转移（kg/hm^2）=开花期秸秆氮含量－成熟时秸秆氮含量

茎或叶氮再转移（kg/hm^2）=开花期茎或叶氮含量－成熟时茎或叶氮含量

$$氮再转移效率（\%）=\frac{秸秆氮再转移}{开花期氮吸收}\times 100$$

$$氮再转移对籽粒氮的贡献率（\%）=\frac{秸秆氮再转移}{收获期籽粒氮含量}\times 100$$

花后氮吸收对籽粒氮的贡献率（%）=100－氮再转移对籽粒氮的贡献率

$$氮收获指数=\frac{收获期籽粒氮含量}{成熟期氮吸收}$$

2.1.4 数据处理

使用SAS软件（版本6.12；SAS Institute，Cary，NC，美国）进行方差分析（ANOVA）。使用氮处理（$df=3$）和玉米品种（$df=2$）作为双因素的ANOVA模型评估籽粒干重、籽粒蛋白质浓度、籽粒蛋白质产量、收获指数、氮吸收指数和氮收获指数。使用最小显著性检验（LSD）比较SAS中0.05概率水平LAI、Pn、SPAD值、叶氮浓度和茎氮浓度的差异。

主要结果如下：

2.2 产量、施氮量和氮平衡

两年中，施氮处理下DH618平均籽粒产量在三个品种中最高，为10.3t/hm^2。ZD958为9.7 t/hm^2，XY1266为9.4 t/hm^2（图2-1）。基于根层氮素实时监控技术的优化施氮量两年平均为172 kg/hm^2，在播前，V6和R1三个时期分别平均施用45 kg/hm^2、84 kg/hm^{2}和43 kg/hm^2（表2-1）。玉米籽粒产量随施氮量增加而增加，在Opt. N×70%处理下达到最高籽粒产量，施氮量的增加未进一步提升籽粒产量（图2-1）。表观氮平衡在2015年为负值，而在2016年约为零，两年的平均值为负值（表2-2）。当不施用氮肥时，ZD958的籽粒干物质在3个玉米品种中最高，两年平均为4.8 t/hm^2（图2-1）。

两年中DH618获得最大籽粒蛋白浓度，平均为8.6%，显著高于XY1266（7.8%）和ZD958（7.9%）（图2-1）。在所有施氮处理下，DH618在3个品种中的籽粒蛋白质产量也最高（图2-1）。籽粒蛋白质浓度和产量随着施氮量的增加而增加，2015 年施氮量增加至 Opt. N 处理和 2016 年施氮量增加至 Opt. N×70%的处理后，进一步增加施氮量，籽粒氮浓度和产量不再增加。

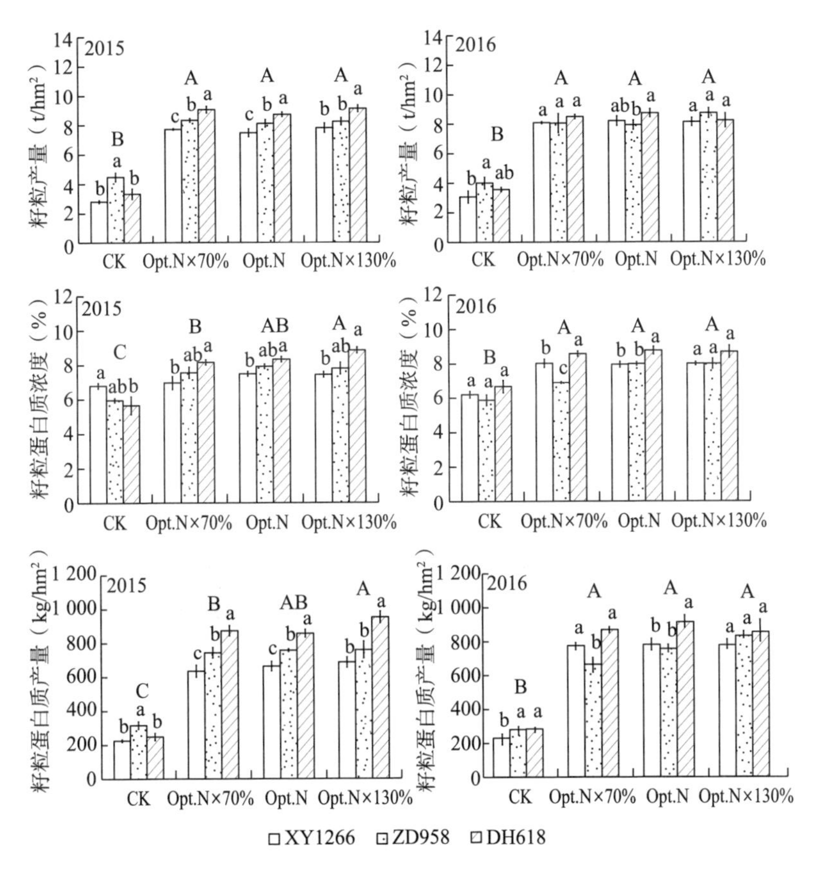

图 2-1 2015 年和 2016 年不同氮素处理的 3 个品种（XY1266，ZD958 和 DH618）的玉米籽粒产量、籽粒蛋白质浓度和籽粒蛋白质产量

注：均值后相同的小写字母表示 LSD 检验在 $P<0.05$ 水平不同品种之间差异不显著，相同的大写字母表示在氮处理间没有显著性差异；竖线代表平均值±SE。下同。

表 2-2 2015 年和 2016 年两季玉米氮投入与输出之间的表观氮平衡（氮吸收指田间玉米籽粒氮吸收，表观氮平衡指施氮量减去氮吸收，kg/hm²）

处理	2015 年			2016 年			平均表观氮平衡
	施氮量	氮吸收	表观氮平衡	施氮量	氮吸收	表观氮平衡	
CK	0	40±2b	−40±2d	0	51±2c	−51±2d	−45±2
Opt. N×70%	102	127±5a	−26±5c	139	141±6b	−2±6c	−14±4
Opt. N	145	140±4a	5±4b	199	157±4a	42±4b	23±5
Opt. N×130%	189	140±6a	49±6a	259	161±5a	98±5a	74±6

注：表中数值为平均值±SE。根据 LSD 检验，平均值后有相同字母表示氮处理在 $P<0.05$ 水平没有显著差异。

2.3 花前花后干物质累积与收获指数

生物量积累随着施氮量的增加而增加，2015 年 Opt. N×70%处理和 2016 年 Opt. N 处理获得最高总生物量（图 2-2）。优化施氮处理下，XY1266、DH618 和 ZD958 的总生物量两年平均分别为 20.9 t/hm²、20.7 t/hm²和 19.5 t/hm²，而花后生物量分别为 12.6 t/hm²、13.5 t/hm²和 11.9 t/hm²（分别占总生物量的 60.3%、65.1%和 60.9%）。当施氮量大于 Opt. N×70%时，XY1266 的花前生物量在 2015 年显著高于 ZD958 和 DH618，但 2016 年处理间无显著性差异（图 2-2）。XY1266 和 DH618 的花后生物量除了 2015 年 Opt. N×130%处理外无显著性差异。在大多数情况下，ZD958 的花后生物量在 3 个品种中最低。除对照外，收获指数在各氮处理间无显著性差异。优化施氮处理下，ZD958 的收获指数最高（0.56），其次是 DH618（0.54）和 XY1266（0.52）。

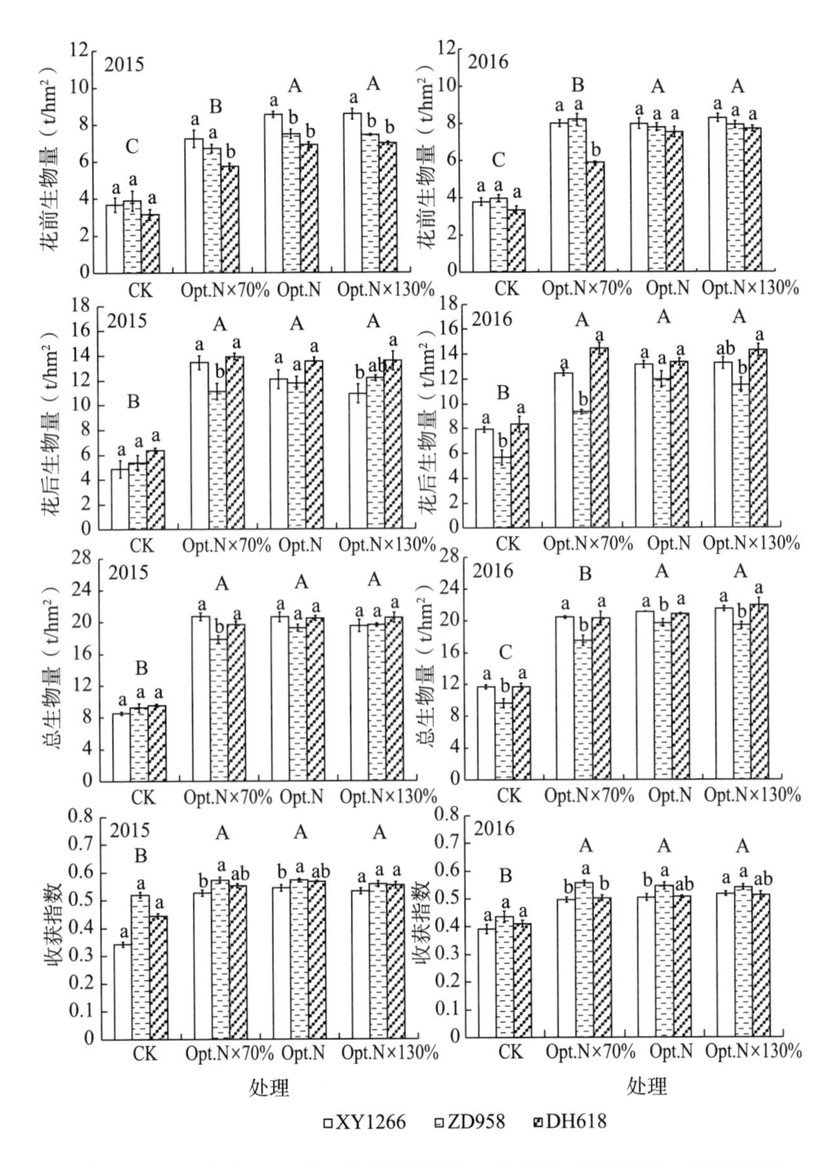

图 2-2　2015 年和 2016 年不同氮处理的 3 个品种（XY1266，ZD958 和 DH618）的生物量（花前和花后生物量）和收获指数

优化氮处理下，XY1266、ZD958 和 DH618 在 R1 的平均最高 LAI 分别为 6.5、5.6 和 4.9（图 2-3）。R1 到 R6 阶段，XY1266 的 LAI 下降比其他品种早。在两年中，DH618、ZD958 和 XY1266 在 R1 阶段的平均最高 Pn 分别为37.8 μmol/(m^2 · s)、34.7 μmol/(m^2 · s) 和 32.4 μmol/(m^2 · s)。在籽粒灌浆阶段，XY1266 的 Pn 最低，DH618 最高直到 R2 期，然后 ZD958 的 Pn 最高。DH618 穗位叶中 SLN 在 R1 阶段为 2.52 g/m^2、在 R2 阶段为 2.22 g/m^2，在这 3 个品种中最高（图 2-4）。在整个灌浆阶段，DH618 的 SPAD 值最高，而 XY1266 在大多数情况下最低（图 2-3）。

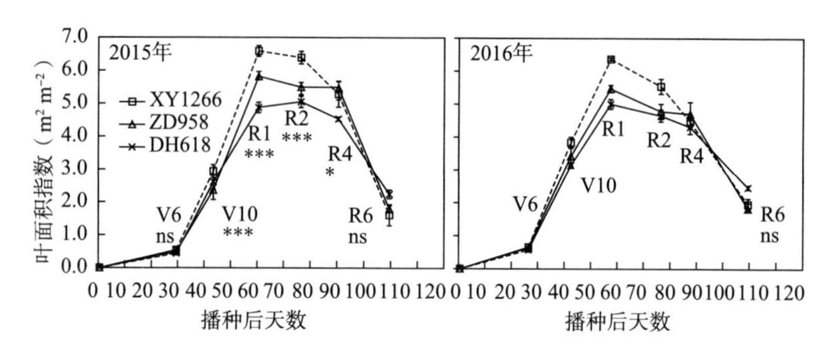

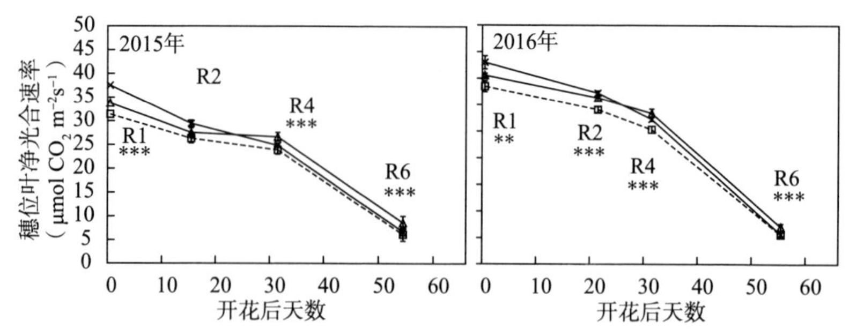

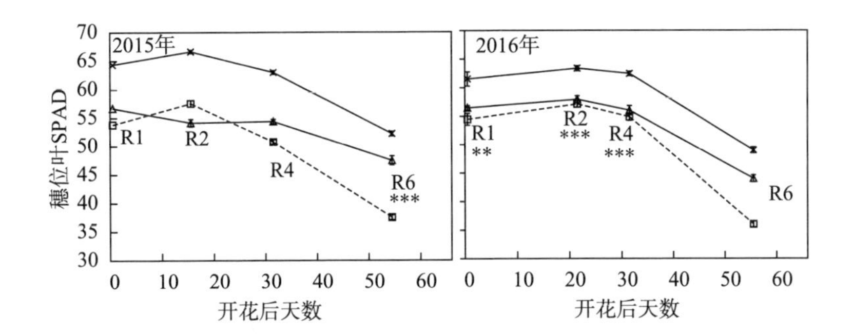

图 2-3 2015 年和 2016 年优化处理下 3 个品种（XY1266、ZD958 和 DH618）生育期叶面积指数、灌浆期穗位叶净光合速率与 SPAD 值

注：数值代表平均值±SE；***、**和*分别代表在 $P<0.001$、$P<0.01$、$P<0.05$ 水平有显著性差异，ns 代表无显著性差异。下同。

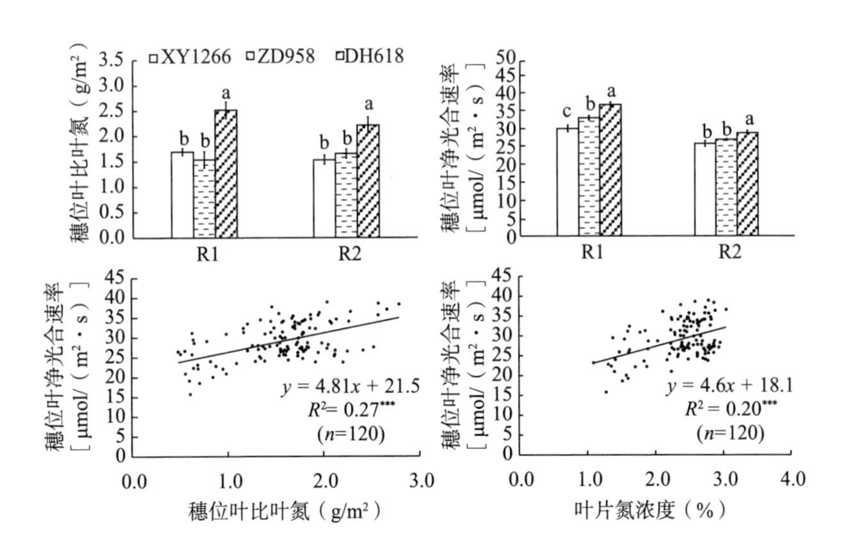

图 2-4 2015 年开花期和乳熟期优化处理下三个品种（XY1266、ZD958 和 DH618）测定的穗位叶比叶氮（SLN）和光合速率及开花期和乳熟期穗位叶光合速率与比叶氮和叶片氮浓度之间的关系

2.4 花前花后吸氮量、氮收获指数与氮转移

在施氮处理下，XY1266 的花前吸氮量最高，DH618 最低，而花后吸氮量 DH618 显著高于其他两个品种（图 2-5）。在大多数情况下，XY1266 和 DH618 之间的总氮吸收没有显著性差异，ZD958 的氮吸收最低。总氮吸收随施氮量的增加而增加，并且在优化施氮量下达到最高吸氮量。优化施氮量下，DH618 中的氮吸收量为 220 kg/hm²，略高于 XY1266（216 kg/hm²）和 ZD958（207 kg/hm²）。DH618 的平均花后吸氮量占总吸氮量的比例为 40.4%，ZD958 为 36.6%，XY1266 为 30.1%。施氮处理间的 NHI 差异不显著。在所有施氮处理下，DH618 的 NHI 最高（Opt. N 为 0.71）。

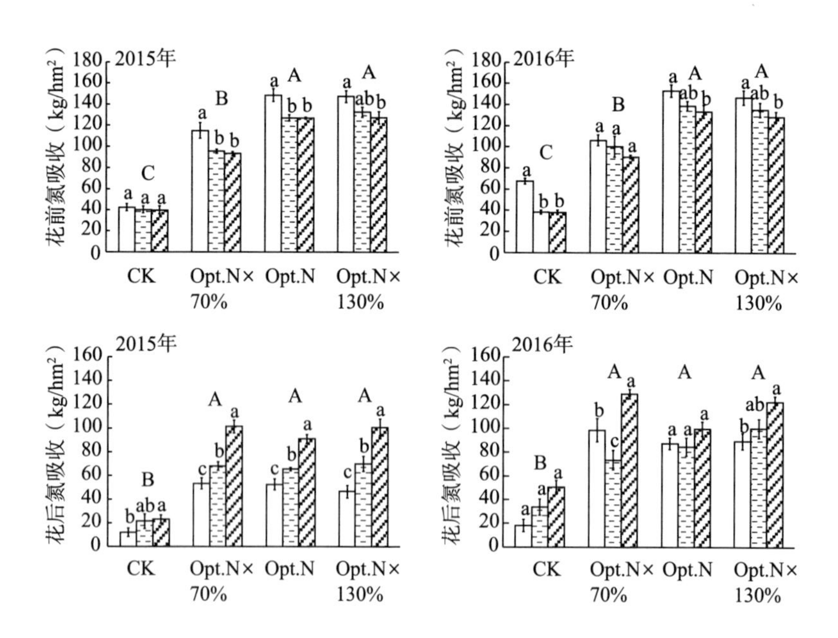

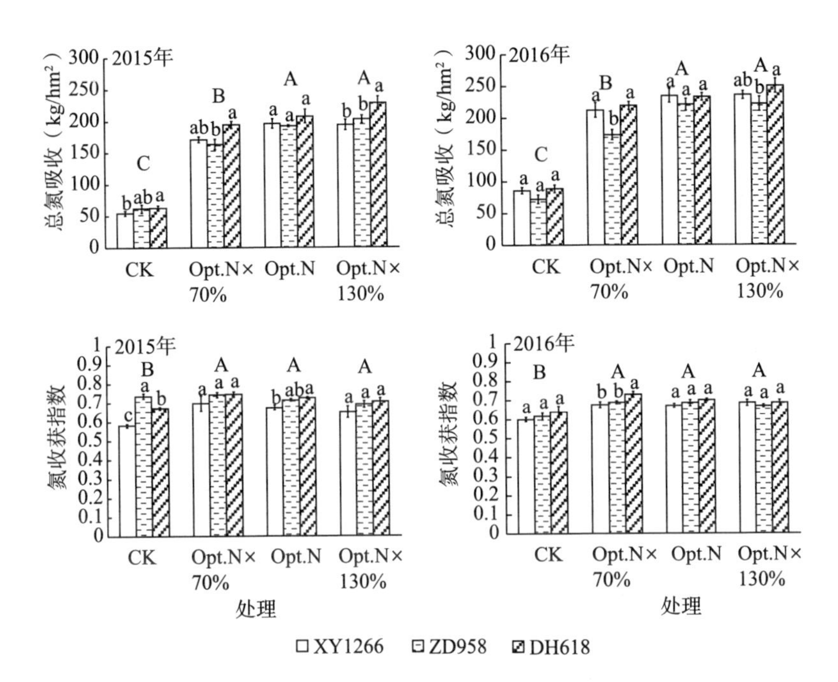

图 2-5　2015 年和 2016 年不同氮处理的 3 个品种（XY1266、ZD958 和 DH618）的氮吸收（花前和花后氮吸收）与氮收获指数

XY1266 的花前吸氮量（151 kg/hm²）和氮转移量（78.9 kg/hm²）显著高于 ZD958 和 DH618，但在 3 个品种中，氮素转移效率（NRE）没有显著差异（表 2-3）。DH618 的花后氮吸收（平均 90.2 kg/hm²）高于其他两个品种。籽粒氮吸收在 3 个品种中无显著性差异。DH618 的花后氮吸收对籽粒氮吸收的贡献为 56.9%，高于 XY1266 和 ZD958。3 个品种在 R1 期后叶片氮浓度均下降，并且在整个灌浆期，DH618 的叶片氮浓度均显著高于 XY1266 和 ZD958（图 2-6）。开花后，DH618 和 XY1266 的茎秆氮浓度显著低于 ZD958（图 2-6）。

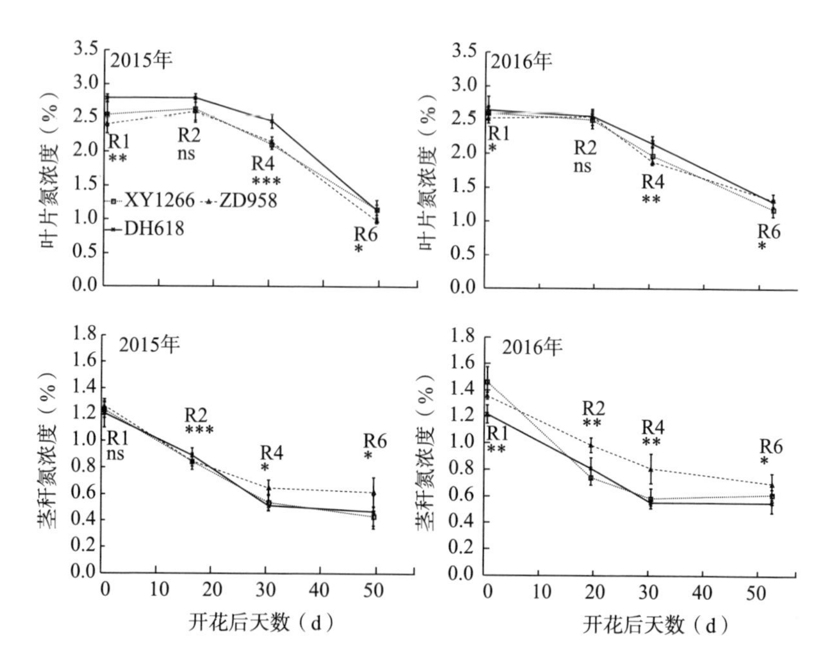

图 2-6　2015 年和 2016 年优化处理下 3 个品种（XY1266、ZD958 和 DH618）花后叶片氮浓度和茎秆氮浓度动态

表 2-3　2015 年和 2016 两年 3 个玉米品种在优化处理下平均的开花和收获期茎秆（茎和叶）和籽粒氮含量、花后吸氮量、秸秆氮转移量、氮转移效率、氮收获指数、氮转移和花后氮吸收对籽粒氮含量的贡献率

品种	开花期秸秆氮吸收（kg/hm²）	收获期秸秆氮吸收（kg/hm²）	收获期籽粒氮吸收（kg/hm²）	花后吸氮量（kg/hm²）	秸秆氮转移量（kg/hm²）	NHI	氮转移效率（%）	花后氮转移对籽粒氮的贡献率（%）	花后氮吸收对籽粒氮的贡献率（%）
XY1266	151a	71.6a	144a	65.0b	78.9a	0.67b	51.2a	55.8a	44.2b
ZD958	133b	63.3b	146a	74.0ab	71.6ab	0.70ab	54.1a	49.4ab	50.5ab
DH618	130b	61.2b	157a	90.2a	66.8b	0.71a	51.4a	43.1b	56.9a

2.5 讨论和小结

2.5.1 讨论

本文研究表明，通过根层优化氮管理，现代绿熟型玉米品种 DH618 同时实现了高产量、高籽粒蛋白质浓度、高氮肥利用效率。DH618 获得的干籽粒产量为 10.3 t/hm^2（图 2-1），实现华北平原夏玉米单产潜力（13.3 t/hm^2）的 92%，显著高于全国农户的平均产量（8.2 t/hm^2）（Liu et al.，2017a）。该产量水平与美国玉米带和南欧的单产水平相似（Grassini et al.，2013）。DH618 中的籽粒蛋白质浓度达到 8.6%，显著高于 ZD958 和 XY1266，也高于 1991—2011 年发布的全球玉米品种统计的平均值（7.5%）（Ciampitti and Vyn，2012）。尽管 DH618 中的籽粒蛋白浓度低于某些高蛋白基因型品种（>10.5%），但产量明显提高（Uribelarrea et al.，2007；Adrienn and Janos，2012）。以上结果充分表明了特定基因型品种同时获得高产、氮肥高效利用和高蛋白质浓度的潜力。

DH618 取得高产的原因主要是由于高生物量积累，尤其是在花后阶段的积累，同时具有较高的 HI（图 2-2）。DH618 的花后生物量积累占比为 65.1%，这一结果与以前的研究一致，揭示了高产玉米花后具有更高的生物量积累（Tollenaar et al.，1992；Ma and Dwyer，1998；Echarte et al.，2008；Meng et al.，2016）。

不同基因型品种间干物质生产途径存在差异。XY1266 中较高的花前生物量累积主要取决于较高的 LAI，伴随着较低的 Pn 和较低的 SLN（图 2-3，图 2-4）。DH618 较高的花后生物量积累归因于较高的叶片 Pn、较高的 SPAD 值和叶片衰老的延迟，这与之前的一些研究结果一致（Rajcan and Tollenaar，1999a、b；Echarte et al.，2008）。Pn 与 SLN 之间、Pn 与叶片 N 浓度之间存在显著的正相关关系，DH618 中较高的叶片氮浓度和 SLN 提高了 Pn（图 2-4，图 2-6），有利于改善干物质的积累和氮的吸收。Hirel 等（2005）还发现不同玉米品种分配不同数量的氮来建立光合器官。在 DH618 中，高比例氮分配给功能性器官叶，促进了更多干物质的产生。更多的碳水化合物可能被转运到根部以保持较高的根吸收能力，以在灌浆期积累更多的氮，这种反馈机制最终导致较高籽粒干物质和蛋白浓度。以上结果表明，DH618 的叶片持绿性特征，灌浆期叶片较高的氮素含量、SLN 和 Pn 与取得较高的产量水平相关。

LAI 是代表作物生长状态的重要指标，不同品种之间的 LAI 差异取决于叶片的数量、叶片的大小和群体的密度（Xu et al.，2017）。与其他两个品种相比，DH618 灌浆期较低的 LAI 主要源于较少的叶片数和较小的叶片面积。最佳的 LAI 可使玉米更有效地截获和利用太阳辐射。一般来说，LAI 随着密度的增加而增大。然而，密度增加会导致 LAI 过大，降低单株的光截获并增加相互遮挡（Pagano and Maddonni，2007；Srinivasan et al.，2017），也会导致更多的空株，以及茎和叶中的光合产物向籽粒的分配减少，最终降低粒重和产量（Liu et al.，2015）。这与本研究中 ZD958 和 DH618 的结果类似，先前的研究发现紧凑株型的玉米最佳 LAI 为 5.0～6.0（Li，2000；Wang et al.，2004）。最近的研究发现，在极高产量的栽培条件下，最大 LAI 大于 7.0（Liu et al.，2017b；Xu et al.，2017），本研究中 XY1266 的最大 LAI 为 6.5。在高密度种植与过量氮供应的情况下，倒伏严重影响玉米产量，在生产中需要注意。

玉米籽粒蛋白质浓度主要由品种基因型决定，管理措施可在一定程度上进行调控（Uribelarrea et al.，2004）。Khan（2016）发现一些玉米品种基因型可以获得较高蛋白质和油含量。之前的研究表明，在氮供应充足的情况下，玉米品种XY335可以获得较高的籽粒干物质和籽粒氮浓度（Chen et al.，2015）。与DH618不同，XY335中较高的籽粒氮浓度来源于其营养器官氮的有效转移和较高的叶片光合氮利用效率（Chen et al.，2015，2018）。

协调花前氮转移和花后氮吸收的矛盾可以实现高籽粒蛋白质浓度。本研究中DH618保持着高的花后氮吸收量，同时没有降低花前氮再转移效率。高氮素转移效率会导致叶片中氮含量减少，从而降低Pn（Pommel et al.，2006），这与XY1266的结果一致，但与DH618的结果不同。在灌浆后期，DH618的叶片氮含量迅速下降，这反映了叶片氮素的快速转移。DH618中，叶片氮转移在占总转移氮的54.4%，占籽粒氮总吸收量的25.2%。

在本文研究中，Opt. N×70%处理（121 kg/hm^2）可以获得最高的籽粒干物质，然而土壤氮平衡在2015年时处于负平衡（表2-2）。在当地的冬小麦和夏玉米作物轮作系统中，长期负平衡可能会导致土壤氮耗竭。进一步增加氮肥投入到Opt. N处理（N，172 kg/hm^2）后，土壤氮表现为少量的盈余。同时，也获得了较高的产量和籽粒蛋白质含量。

本研究中，优化氮管理实现了氮素供应与作物需求的时空同步。以前的研究也表明，优化施氮，尤其是加强花后氮素管理同步增加了籽粒干物质和籽粒蛋白质的浓度（Da Silva et al.，2005)。这可能是由于花后追施的氮肥很容易被植物吸收并积累在籽粒中，满足籽粒蛋白质合成的氮素需求。同时，花后氮供应与作物需求的同步还提高了氮的回收效率，提高了作物产量，降低氮肥施用量，并将环境成本降至最低（Chen et al.，2011；Cui et al.，2013)。在实际生产实践中，通常难以在开花时追施氮肥。随着土壤有机质含量不断提高，土壤中氮矿化的增加有可能满足作物花后氮的需求（Fan et al.，2013)。此外，大量研究也表明控释肥播前一次施用也能够满足高产玉米体系全生育期尤其是花后对氮素的需求（Guo et al.，2017)。

2.5.2 小结

通过适宜的玉米品种（DH618）和优化氮肥管理措施，获得 10.3 t/hm^{2}的产量和 8.64%的籽粒蛋白质浓度，获得了高产、高效、高蛋白三者之间的协同。DH618 中高的籽粒干物质含量和蛋白质浓度取决于以下特征：①改善了生物量的积累，特别是在灌浆阶段，并且具有较高的收获指数；②总的氮吸收尤其是在花后灌浆阶段的氮吸收较高，且 NHI 较高；③减少了花前氮素再转移与花化后氮素吸收之间的矛盾。较高的叶片氮浓度和 SLN 促进了籽粒灌浆阶段叶片 Pn 提高，从而进一步促进了花后生物量的积累和氮素的吸收。优化氮肥管理策略，充分利用残留的根层无机氮，可以充分发挥优良品种的产量和品质特性，同时提高养分利用效率。

参考文献

Adrienn V S，Janos N，2012. Effects of nutrition and water supply on the yield and grain protein content of maize hybrids. Aust. J. Crop Sci., 6 (3): 283-290.

Below F E, Seebauer J R, Uribelarrea M, et al., 2004. Physiological changes accompanying long-term selection for grain protein in maize. Plant Breeding Reviews, 24 (1): 133-151.

Bertin P, Gallais A, 2000. Genetic variation for nitrogen use efficiency in a set of recombinant maize inbred lines. I. Agrophysiological results. Maydica, 45 (1): 53-66.

Cardwell V B, 1982. Fifty years of Minnesota corn production: sources of yield increase. Agron. J., 74 (6): 984-990.

Chen K, Vyn T, 2017. Post-silking factor consequences for N efficiency changes over 38 years of commercial maize hybrids. Front. Plant Sci., 8: 1737.

Chen X, Chen F, Chen Y, et al., 2013. Modern maize hybrids in Northeast China exhibit increased yield potential and resource use efficiency despite adverse climate change. Glob. Change Biol., 19 (3): 923-936.

Chen X, Cui Z, Vitousek P M, et al., 2011. Integrated soil-crop system management for food security. P. Natl. Acad. Sci. USA, 108 (16): 6399-6404.

Chen Y, Mi G, 2018. Physiological mechanisms underlying post-silking nitrogen use efficiency of high-yielding maize hybrids differing in nitrogen remobilization efficiency. J. Plant Nutr. Soil Sci., 181 (6): 923-931.

Chen Y, Xiao C, Chen X, et al., 2014. Characterization of the plant traits contributed to high grain yield and high grain nitrogen concentration in maize. Field Crops Res., 159: 1-9.

Chen Y, Xiao C, Wu D, et al., 2015. Effects of nitrogen application rate on grain yield and grain nitrogen concentration in two maize hybrids with contrasting nitrogen remobilization efficiency. Eur. J. Agron., 62: 79-89.

Ciampitti I A, Vyn T J, 2012. Physiological perspectives of changes over time in maize yield dependency on nitrogen uptake and associated nitrogen efficiencies: A review. Field Crops Res., 133: 48-67.

Ciampitti I A, Vyn T J, 2013. Grain nitrogen source changes over time in maize: a Review. Crop Sci., 53 (2): 366.

Cui Z, Chen X, Miao Y, et al., 2008. On-farm evaluation of winter wheat yield response to residual soil nitrate-N in North China Plain. Agron. J, 100 (6): 1527-1534.

Cui Z, Yue S, Wang G, et al., 2013. In-Season root-zone N management for mitigating greenhouse gas emission and reactive N losses in intensive wheat production. Environ. Sci. Tech., 47 (11): 6015-6022.

Da Silva P, Strieder M L, Coser R, et al., 2005. Grain yield and kernel crude protein content increases of maize hybrids with late nitrogen side-dressing. Sci. Agr., 62 (5): 487-492.

Duvick D N, 2005. The contribution of breeding to yield advances in maize. Adv. Agron., 86: 83-145.

Duvick D N, Cassman K G, 1999. Post-green revolution trends in yield potential of temperate maize in the north-central United States. Crop Sci., 39 (6): 1622-1630.

Echarte L, Rothstein S, Tollenaar M, 2008. The response of leaf photosynthesis and dry matter accumulation to nitrogen supply in an older and a newer maize hybrid. Crop Sci., 48 (2): 655-665.

Fan M, Lal R, Cao J, et al., 2013. Plant-based assessment of inherent soil productivity and contributions to China's cereal crop yield increase since 1980. Plos One, 8 (9): e74617.

Gehl R J, Schmidt J P, Maddux L D, et al., 2005. Corn yield response to nitrogen rate and timing in sandy irrigated soils. Agron. J., 97 (4): 1230-1238.

Grassini P, Eskridge K M, Cassman K G, 2013. Distinguishing between yield advances and yield plateaus in historical crop production trends. Nat. Commun, 4 (1): 2918.

Guo J, Wang Y, Blaylock A D, et al., 2017. Mixture of controlled release and normal urea to optimize nitrogen management for high-yielding (>15 t/hm^2) maize. Field Crops Res., 204: 23-30.

Hirel B, Andrieu B, Valadier M H, et al., 2005. Physiology of maize Ⅱ: identification of physi-ological markers representative of the nitrogen status of maize (*Zea mays* L.) leaves during grain filling. Physiol. Plant., 124 (2): 17-18.

Hirel B, Gouis J L, Ney B, et al., 2007. The challenge of improving nitrogen use efficiency in crop plants: towards a more central role for genetic variability and quantitative genetics within integrated approaches. J. Exp. Bot., 58 (9): 2369-2387.

Horowitz W, 1970. Official methods of analysis, eleventh ed. AOAC, Washington D C: 17-18.

Khan Amanullah, 2016. Maize (*Zea mays* L.) Genotypes differ in phenology, seed weight and quality (protein and oil contents) when applied with variable rates and source of nitrogen. J. Plant Biochem. Physiol., 4 (1): 1.

Khush G S, 1999. Green revolution: preparing for the 21st century. Genome, 42 (4): 645-655.

Li D H, 2000. Review and prospect in compact plant type breeding in maize. Crops, 5: 1-5.

Liu B, Chen X, Meng Q, et al., 2017a. Estimating maize yield potential and yield gap with agro-climatic zones in China—Distinguish irrigated and rainfed conditions. Agr. Forest Meteorol., 239: 108-117.

Liu G, Hou P, Xie R, et al., 2017b. Canopy characteristics of high-yield maize with yield potential of 22.5 Mg/hm^2. Field Crops Res., 213: 221-230.

Liu T, Gu L, Dong S, et al., 2015. Optimum leaf removal increases canopy apparent photosynthesis: ^{13}C-photosynthate distribution and grain yield of maize crops grown at high density. Field Crops Res., 170: 32-39.

Ma B, Dwyer L, 1998. Nitrogen uptake and use of two contrasting maize hybrids differing in leaf senescence. Plant Soil, 199: 283-291.

Machet J, Dubrulle P, Damay N, et al., 2017. A dynamic decision-making tool for calculating the optimal rates of N application for 40 annual crops while minimising the residual level of mineral N at harvest. Agronomy，7 (4)：73.

Meng Q，Cui Z，Yang H，et al.，2018. Establishing high-yielding maize system for sustainable intensification in China. Adv. Agron.，145：85-109.

Meng Q，Yue S，Hou P，et al.，2016. Improving yield and nitrogen use efficiency simultaneously for maize and wheat in china：a review. Pedosphere，26 (2)：137-147.

Mi G，Liu J，Chen F，et al.，2003. Nitrogen uptake and remobilization in maize hybrids differing in leaf senescence. J. Plant Nutr.，26 (1)：237-247.

Pagano E，Maddonni G A，2007. Intra-specific competition in maize：early established hierarchies differ in plant growth and biomass partitioning to the ear around silking. Field Crops Res.，101 (3)：306-320.

Pommel B，Gallais A，Coque M，et al.，2006. Carbon and nitrogen allocation and grain filling in three maize hybrids differing in leaf senescence. Eur. J. Agron.，24 (3)：203-211.

Rajcan I，Tollenaar M，1999a. Source：sink ratio and leaf senescence in maize：I. Dry matter accumulation and partitioning during grain filling. Field Crops Res.，60 (3)：245-253.

Rajcan I，Tollenaar M，1999b. Source：sink ratio and leaf senescence in maize：Ⅱ. Nitrogen metabolism during grain filling. Field Crops Res.，60 (3)：255-265.

Ren B，Li L，Dong S，et al.，2017. Photosynthetic characteristics of summer maize hybrids with different plant heights. Agron. J.，109 (4)：1454-1462.

Srinivasan V，Kumar P，Long S P，2017. Decreasing，not increasing，leaf area will raise crop yields under global atmospheric change. Glob. Change Biol.，23 (4)：1625-1635.

Tollenaar M，Dwyer L M，Stewart D W，1992. Ear and Kernel formation in maize hybrids representing three decades of grain yield improvement in Ontario. Crop Sci.，32 (2)：781-788.

Tollenaar M，Lee E A，2002. Yield potential，yield stability and stress tolerance in maize. Field Crops Res.，75（2-3）：161-169.

Tollenaar M，Lee E A.，2006. Dissection of physiological processes underlying grain yield in maize by examining genetic improvement and heterosis. Maydica，51（2）：399-408.

Uribelarrea M，Below F E，Moose S P，2004. Grain composition and productivity of maize hybrids derived from the Illinois Protein strains in response to variable nitrogen supply. Crop Sci.，44（5）：1593-1600.

Uribelarrea M，Moose S P，Below F E，2007. Divergent selection for grain protein affects nitrogen use in maize hybrids. Field Crops Res.，100（1）：82-90.

Wang X，Li B，Guo Y，et al.，2004. Measurement and analysis of the 3D spatial distribution of photosynthetically active radiation in maize canopy. Acta Agron. Sin.，30（6）：568-576.

Xu W，Liu C，Wang K，et al.，2017. Adjusting maize plant density to different climatic conditions across a large longitudinal distance in China. Field Crops Res.，212：125-134.

Yan P，Yue S，Qiu M，et al.，2014. Using maize hybrids and in-season nitrogen management to improve grain yield and grain nitrogen concentrations. Field Crops Res.，166：38-45.

Zhang S，Yue S，Yan P，et al.，2013. Testing the suitability of the end-of-season stalk nitrate test for summer corn（*Zea mays* L.）production in China. Field Crops Res.，154：153-157.

第3章　高效新型肥料创新与应用

在玉米生产中，由于劳动力短缺，减少化肥的施用次数、随播种一次性完成肥料施用已经成为养分管理的重要发展方向（高强等，2008；刘兆辉等，2018）。与传统的仅施用尿素等氮肥管理措施不同，一次性完成播种和施肥需要使用缓控释肥。应用缓控释肥技术不仅能够显著提高玉米等作物的产量和氮肥利用率，还能减少氮素的淋洗、挥发等环境损失（Zhang et al.，2019）。此外，应用缓控释肥还能减少施肥次数，减轻劳动强度和数量。因此，如何选择高效、合适的缓控释肥是实现种肥同播一次性科学施肥的关键。

目前应用较多的缓控释肥产品包括聚合物包膜控释肥、含氮素抑制剂缓释肥、硫包衣以及少部分肥包肥产品等，主要是对氮素进行缓控释处理，减少氮素集中大量施用产生的损失（刘宝存等，2009）。前人对于缓控释肥释放类型、释放期，以及与普通尿素的配比等已经做了大量工作。比如，在黄淮海夏玉米区和东北春玉米区做了释放期筛选以及与普通尿素配比比例的研究，提出了肥料释放天数和适宜的配比，为包膜控释肥一次性施肥技术参数优化打下了基础（衣文平等，2010；江丽华等，2018；杨岩等，2018）。在实际生产中，缓控释肥应用于种肥同播一次性施肥的技术应用还需进一步研究。例如，有些研究对控释肥产品释放期没有明确要求或说明，某些研究采用了添加抑制剂或缓释剂的缓释性氮肥，甚至存在直接使用普通尿素等问题（赵营等，2020；周昌明等，2020；张林等，2021）。同一地区不同控释肥肥料释放期存在变异，不同地区或气候条件下如何应用缓控释肥的种肥同播一次性作业技术等还需进一步完善。种肥同播一次性施肥产生的氮素损失等环境效应的研究也需要进一步深入。因此，有必要针对不同种类的缓控释肥，开展其对产量和氮素损失影响的研究。

黄淮海地区是我国夏玉米主产区，多年来由于施肥数量偏多，导致环境影响较大，氨挥发等环境影响已经引起了国内外的高度关注（Zhang et al.，2017）。因此，本文在市场调研的基础上，结合市场现有缓控释肥的特点，研制了3种缓控释肥和1种液体水溶肥，同时针对其农学、土壤和环境效应进行了田间效果评价。

3.1 研究方法

3.1.1 新型肥料研制

3.1.1.1 双效抑制剂增效肥

在使用氮、磷、钾掺混肥料时，带有涂覆层的尿素颗粒与其他肥料混合或接触时，往往会对涂覆层产生影响，除物理的磨擦破损之外，还会发生化学反应影响其肥效发挥。因此，需要新的技术和增效材料形成更适合生产复合/掺混肥料的增效氮肥。

增效肥料是指由氮肥抑制剂、生物炭或硫黄粉和黏结剂通过包裹技术制备而成，生产工艺简单，所形成的涂覆层可以避免与其他肥料掺混后对增效剂的影响和磨擦，以提高氮肥利用率（图 3-1 和图 3-2）。

具体制作步骤如下（杨俊刚等，2020）：

（1）取 5.00 kg 大粒尿素（市售，粒径 2.0～4.75 mm）放入圆盘造粒机中（圆盘直径为 0.8 m），开动造粒机，调整转速为 10 r/min。

（2）称取双效抑制剂 19.0 g 装入烧杯，分三次均匀加入圆盘中流动的尿素颗粒上，添加完毕后保持造粒盘转动，调节转速为 18 r/min，并开始鼓风 5 min，至颗粒干燥，停止鼓风，关闭造粒机，增效尿素制备完成，称重为 5.01 kg。

增效尿素为添加 0.38％双效抑制剂的产品。试验所用双效抑制剂为脲酶抑制剂和硝化抑制剂的复配液体合剂，由索尔维公司提供。

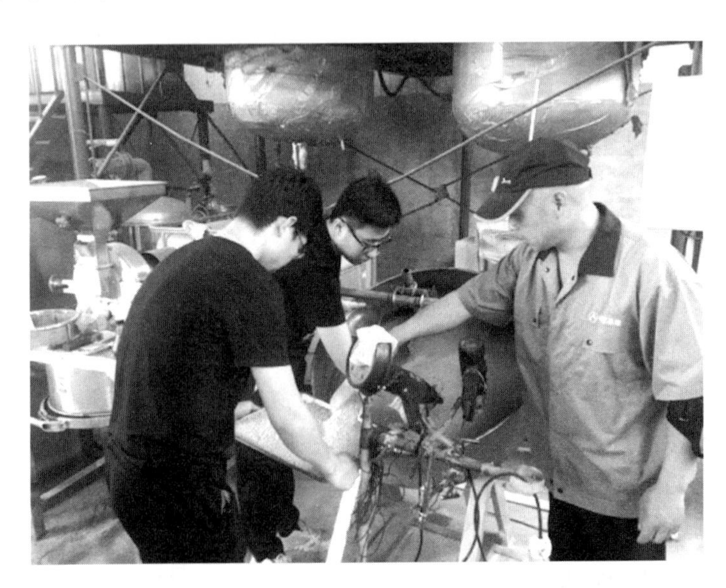

图 3-1　抑制剂增效肥料制作

图 3-2 增效尿素中试批量生产

3.1.1.2 无溶剂包膜控释肥

缓控释肥可分为聚合物包膜的控释肥和不采用包膜或无机物包裹的缓释肥。第一代聚合物包膜控释肥是基于溶剂高温溶解树脂材料包裹而成，第二代是基于异氰酸酯和多元醇的反应固化成膜而来，不再使用溶剂，成本更低，膜层更薄。但由于聚合物与肥料表面存在着表面张力，在降低聚合物用量的同时，颗粒的包膜效果也会显著下降，有的聚合物膜层涂覆数较多，但其成本也将大幅增加。一旦包膜数量降低至 2%～3%，养分的控释效果明显减弱，氮素释放将达不到预期。通过设备的改进和喷雾的优化，使少量的涂覆材料可以在短时间内或者少数几次的涂覆就能均匀分布在所有的颗粒表面，可在较低包膜用量下延长释放期。

本研究中，新型的无溶剂包膜控释肥是通过一种双喷头工艺和设备将包膜溶液按比例分别喷施在运动的颗粒上所得到的控释肥料（图 3-3 和图 3-4）。

具体制作步骤如下（杨俊刚等，2014）：

（1）称取一定量的大颗粒尿素或复合肥料颗粒，加入喷动床或锥形搅拌器中，通过鼓风和机械搅拌使之往复运动，并升温到 75～80℃。

（2）同时，将一定的量的 PAPI 和表面活性剂置于加热容器中，升温到 75～85℃。另将一定量聚酯多元醇置于另外一个加热容器中，并按比例加入微晶石蜡，升温至 85～95℃。微晶蜡均匀融化在聚酯多元醇中，吸取一定量的催化剂，一并加入聚酯多元醇中，搅拌均匀。

（3）升温完成后，首先将异氰酸酯通过高压无气喷嘴均匀喷涂到循环运动的尿素颗粒上，通过另外一条管路和喷嘴将装有聚酯多元醇的混合液喷涂到尿素颗粒上。液体喷完后，保持包膜设备内的温度使两种聚合物在颗粒表面反应 2～5 min，待聚合物完全固化后，重复上述喷液过程 3～4 次。

（4）关掉热源，待颗粒冷却至 40～50℃时，停止运动，打开出料阀，完成包衣过程。

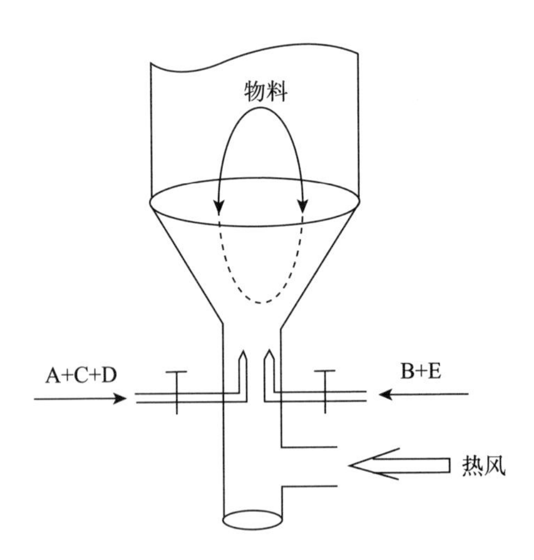

图 3-3　双喷头包膜设备简图

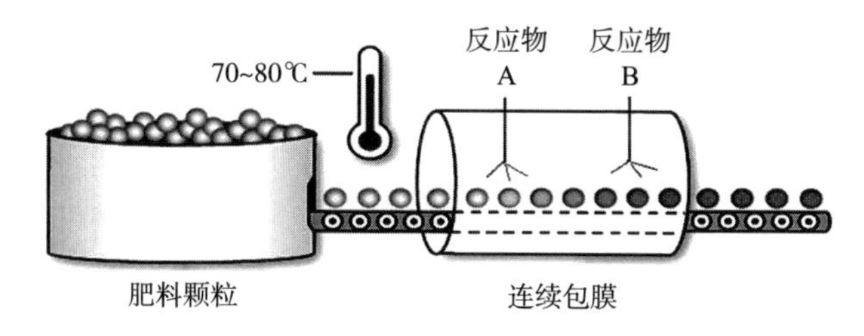

图 3-4 包膜控释肥制备流程

3.1.1.3 有机无机颗粒控释肥

缓控释肥中聚合物膜层在土壤中的降解问题和引起的生态环境问题存在一定争议。同时，玉米生产中很少施用有机肥，连续多年施用化肥引起土壤板结等问题。使用有机无机颗粒控释肥替代包膜肥，不仅能提高有机物质投入，还可以避免聚合物膜层残留。

有机无机颗粒肥料以高纤维含量的作物秸秆、畜禽粪便为有机物料，以常用化肥为无机添加原料，同时按氮素含量添加一定比例双效氮肥抑制剂以延长氮肥的供应时间，实现一次性施肥。

肥料采用一次挤压造粒工艺，无须加热烘干，解决了颗粒强度低、能耗高的问题。生产出直径为 8～10 mm、长度为 12～14 mm 的圆柱状颗粒肥料，肥料外观完整、强度高，有机质含量≥8%，总养分含量≥30%（13-7-9），符合有机无机肥产品的行业标准。

具体制作步骤如下：

（1）将作物秸秆粉碎过筛。各种作物秸秆均可作为原料，粗粉碎后堆置晾干，过 10 mm 筛后备用（图 3-5 左）。

（2）取发酵后的畜禽粪便与粉碎的秸秆按 1：1 配比，混合均匀，配成有机物料。

（3）按配方称取无机肥料，将上述有机物料与无机肥料混拌，通过皮带传送机送到造粒挤压机料口。

（4）挤压造粒机为立式环模造粒机，挤压颗粒直径长度可调，根据使用场合和施肥机器等情况，以直径 0.5 mm、长度 0.8 mm 为宜。

（5）开动挤压造粒机，物料随机器运转，圆柱状颗粒肥料从出料口落下。造粒机可以连续工作，物料不断进入，颗粒不断从出料口落下（图 3-5 右）。

图 3-5　有机物料粗筛（孔径为 10 mm）与有机无机肥造粒

3.1.1.4　液体水溶肥

液体水溶肥是以营养元素作为溶质溶解于水中成为溶液，或借助于悬浮剂的作用将水溶性的营养成分悬浮于水中成为悬浮液（过饱和溶液）（图 3-6）。

具体研制步骤如下（杨俊刚等，2021）：

（1）取 0.6 kg 氯化钾（K_2O，60%，市售农用级）溶于

3 L自来水中，依次加入0.5 kg柠檬酸（$C_6H_8O_7 \cdot H_2O$，市售食品级）和0.3 kg氢氧化钾（K_2O，84%，市售工业级）进行酸碱中和反应。

（2）反应完成后，继续添加0.5 kg柠檬酸和0.3 kg氢氧化钾反应，依次共进行3次中和反应，共加入柠檬酸1.5 kg，氢氧化钾0.9 kg。

（3）将反应后的液体冷却至室温，制成4.5 L含K_2O 250 g/L的澄清液体钾肥溶液，该溶液pH为5.2。

图3-6 缓释液体肥料中试批量生产

3.1.2 田间验证试验

3.1.2.1 试验地概况

田间试验于2018年6月20日至10月9日在北京市房山区农作物新品种展示基地进行，所在地区年平均气温11.6℃，降水量为687 mm，属温带大陆性气候。试验季生长期平均气温25.8℃，总降水量312 mm（图3-7）。

试验地土壤为壤土，表土层（0～30 cm）基本理化性质为：有机质18.5 g/kg，硝态氮54.4 mg/kg，铵态氮2.46 mg/kg，有效磷38.4 mg/kg，速效钾183 mg/kg，pH 8.2。0～30 cm、

30～60 cm、60～90 cm 土层容重分别为 1.31 g/cm^3、1.40 g/cm^3、1.47 g/cm^3。

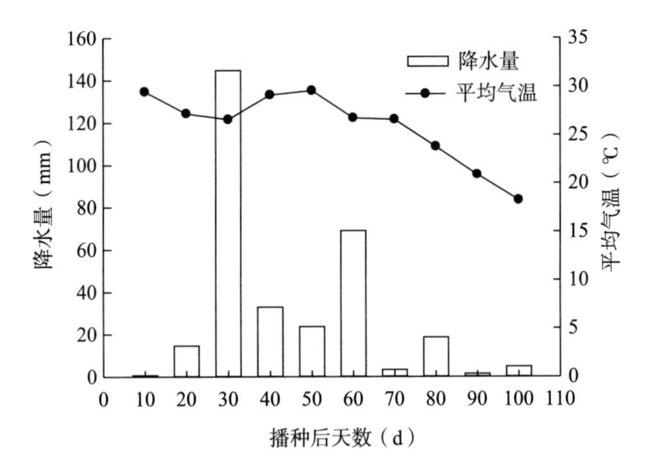

图 3-7　播种后平均气温和降水量

3.1.2.2　试验设计

试验设 5 个处理，分别为：①空白对照 CK，不施氮肥。②习惯施肥（U）：普通尿素分次施肥，基追比为2∶3，总施氮量 240 kg/hm^2；大喇叭口期追肥（播后第 48 天），地表撒施后灌水。③增效尿素（DU）：一次性施肥，双效抑制剂增效尿素（不添加生物炭）∶普通尿素＝2∶1，施氮量 180 kg/hm^2。④包膜尿素（CU）：一次性施肥，树脂包膜控释尿素∶普通尿素＝1∶2，施氮量 180 kg/hm^2。⑤含抑制剂生物炭涂层增效尿素（BU）：一次性施肥，双效抑制剂增效尿素（添加生物炭）∶普通尿素＝2∶1，施氮量 180 kg/hm^2。

每个处理 3 次重复，小区长 6 m、宽 5 m、面积 30 m^2。所有处理磷、钾肥用量全部相同，且全部用作基肥，分别为

90 kg/hm^2、120 kg/hm^2。

以上供试氮肥为树脂包膜尿素（北京市缓控释工程技术中心生产，释放期 60 d）、双效抑制剂增效尿素（添加/不添加生物炭）（北京市缓控释工程中心研制，硝化抑制剂 DCD 和脲酶抑制剂 NBPT 混合液剂涂层大颗粒尿素，添加比例为含氮量的 1.0%；生物炭型抑制剂增效尿素，生物炭添加量为 3%）。添加生物炭的双效抑制剂增效尿素为上述前期研制的有机无机颗粒控释肥。磷、钾肥为过磷酸钙和氯化钾，由市场购买。

夏玉米选用当地主栽品种郑单 958，属耐密高产型品种。行距 60 cm，株距 25 cm，种植密度为 6.67 万株/hm^2。灌水和病虫害防治同当地农民习惯保持一致。田间试验期间没有明显的病虫害和干旱等灾害发生。

3.1.2.3 取样与测定方法

土壤氨挥发。采用通气法收集全生育期土壤氨挥发（安文博等，2020）。氨气的捕获装置由 PVC 塑料圆管（内径 15 cm，高 10 cm）制成，内置两块浸泡过磷酸甘油溶液的海绵，海绵厚度为 2 cm，直径为 16 cm，下层海绵距离底部 5 cm，上层与顶部相平。

施基肥后开始采集氨气，每个小区随机放 2 个通气阀装置。追肥前收起所有装置，撒施追肥灌水后，再随机摆放装置。取样时，取出下层海绵放入封口袋中，并换上另一块经过同样处理的海绵。上层的海绵定期更换，并记录取样的间隔时间。

施肥后，连续 3 d 每天取样一次，之后每 2 d 取样一次，当测得的氨挥发量较少时，延长取样间隔至 7 d，直至基本检测不到氨气为止，停止收集。每次取样后将带回的海绵用凯氏定氮法进行测定。

田间土壤氨挥发由以下公式计算：

田间土壤氨挥发速率［kg/（m^2·h)］=单个装置每次测出的铵态氮含量/（装置横截面积×取样时间间隔）

土壤无机氮（硝态氮、铵态氮）的测定：苗期（7月15日，播后第25天）、拔节期（8月9日，播后第50天）和大喇叭口期（8月23日，播后第64天）测定0～20 cm土壤的硝态氮和铵态氮含量。收获后（10月9日，播后第111天）测定0～90 cm土壤的无机氮含量，采用紫外分光光度法测定土壤无机氮。

分别于播后第40天、第50天、第60天测定株高（直尺）、茎粗（游标卡尺）和叶片叶绿素（SPAD值）。收获时每小区取2 m^2，计穗数、鲜重，将玉米穗按小区装入网袋带回挂起风干后考种测定籽粒产量、百粒重。

3.1.2.4　数据计算与分析

氨挥发损失率=（施氮区损失量－对照区损失量）/施氮量×100%

采用Microsoft Excel 2016进行数据录入、整理和图表制作，用SPSS 17.0进行显著性分析（$P<0.05$）。

3.2　主要肥料特点

依托北京市缓控释肥工程技术中心，研发稳定型缓控释肥配方3种、液体水溶肥1种。完善生产工艺及条件，与包膜肥料相比生产效率提高75%，成本降低38%，为进一步大面积应用提供了保障。四种肥料的主要特点见表3-1。

表 3-1 主要肥料品种的特点

肥料种类	制作工艺	主要效果
双效抑制剂增效肥	(1) 增效尿素制作过程简单、增效剂添加量低 (0.38%~0.75%)。 (2) 保护层原料源于可回收的生物炭和成本低廉的物料，保护层致密纤薄，外观光滑	(1) 添加增效剂和无机物保护层后减少其他磷、钾类肥料对增效剂的影响。 (2) 与市场上聚合物包膜肥料相比，添加物数量少且价格低廉，无须加热和回收工艺，成本能降低30%以上。 (3) 大幅降低 NH_3 挥发，减少对空气的污染
无溶剂包膜控释肥	(1) 将优选的 2 种聚合物先后分别喷到颗粒表面，解决了共用一条管路、喷嘴而引起的堵塞使涂覆中断的问题，同时使得设备内发生颗粒粘连的概率显著降低，使得包衣过程的稳定性明显增强。解决了包膜速度与包膜均匀性不能兼顾的问题，完成了快速成膜过程中膜层的均匀分布。 (2) 通过高压无气喷液控制系统，使得包膜溶液的分散性得到明显的增强，显著改善了液体在颗粒上的均匀性分布，在保证控释性能的基础上降低了包膜用量。 (3) 按照膜层防水结构由内到外构建每次喷涂的包膜配方与聚合时间，通过 3 次包膜完成产品质量控制。 (4) 包膜过程无溶剂回收环节，安全环保，快速反应成膜缩短了包膜时间，使得单位时间内产量得到明显提升，利于工业化生产	(1) 通过设备的改进和喷雾的优化，使少量的涂覆材料可以在短时间内，或者少数几次就能均匀涂覆在肥料颗粒表面，在较低的包膜用量下增加释放期。 (2) 成本更低，膜层更薄。 (3) 安全环保

（续）

肥料种类	制作工艺	主要效果
有机无机颗粒控释肥	（1）以高纤维含量的作物秸秆等为有机物料，以常用化肥为无机添加料，同时按氮素含量添加一定比例双效氮肥抑制剂以延长氮肥的供应时间。 （2）采用一次挤压造粒工艺，无须加热烘干，解决了颗粒强度低、能耗高的问题	（1）养分供应平衡，肥料利用率高。既含有有机成分又含有无机成分，综合了有机肥与无机肥优点。 （2）有机物料添加有利于改善土壤环境，活化土壤养分。 （3）除了供给植物营养外，还具有一定生理调节作用
液体水溶肥	（1）通过原料中和反应，形成清液型高钾含量液体肥。 （2）与液体氮肥和液体磷肥按比例混合，在不产生沉淀的前提下，稳定不同元素的配方。 （3）添加抑制剂等氮肥增效剂，以提高氮肥利用效率	（1）适合水肥一体化应用。 （2）与常规固体水溶肥料相比，成本降低30%以上

3.3 田间产量与氮肥效率

玉米产量介于9.26～10.6 t/hm^2，其中生物炭增效尿素处理产量显著高于对照，增幅为14.5%，各施氮处理间未出现显著差异（表3-2）。与生物炭增效尿素处理相比，对照处理的千粒重和农民习惯施肥处理的穗粒数均出现显著下降。由于农民习惯处理的千粒重显著提高，其产量没有显著下降。对照处理穗粒数呈现下降趋势，最终籽粒产量显著下降。与产量结果相似，生物炭增效尿素处理氮肥农学效率最高，为7.22 kg/kg。生物炭增效尿素处理氮肥偏生产力为58.7 kg/kg，显著高于农民习惯施肥处理。

表 3-2 玉米产量构成与氮肥农学效率、氮肥偏生产力

处理	穗数（万/hm^2）	千粒重（g）	穗粒数	籽粒产量（t/hm^2）	氮肥农学效率（kg/kg）	氮肥偏生产力（kg/kg）
空白对照（CK）	6.67	280±13 b	525±44.9 ab	9.26±0.8 b	—	—
习惯施肥（U）	6.67	303±5 a	507±30.4 b	10.2±0.7 ab	3.84 c	42.4 b
增效尿素（DU）	6.67	281±15 ab	551±23.4 a	10.3±0.8 ab	5.68 b	57.1 a
包膜尿素（CU）	6.67	292±5 ab	532±6.3 ab	10.2±0.1 ab	5.49 b	56.9 a
生物炭增效尿素（BU）	6.67	284±14 ab	566±42.6 a	10.6±0.9 a	7.22 a	58.7 a

3.4 植株阶段生长指标

播后 40 d、50 d、64 d 各处理间玉米株高、茎粗未出现显著差异。播后第 40 天，对照处理的 SPAD 值显著低于农民习惯施肥和生物炭增效尿素处理（表 3-3）。在播种后第 50 天和第 64 天，各处理之间 SPAD 值差异不显著。

表 3-3 不同时期玉米株高、茎粗、叶绿素含量

处理	株高（cm）			茎粗（mm）			叶绿素（SPAD 值）		
	40d	50d	64d	40d	50d	64d	40d	50d	64d
空白对照（CK）	154 a	222 a	263 a	18.0 a	22.4 a	22.1 a	47.3 b	56.3 a	57.7 a
习惯施肥（U）	145 a	225 a	259 a	17.9 a	22.9 a	21.2 a	51.0 a	54.4 a	58.4 a
增效尿素（DU）	150 a	229 a	253 a	17.4 a	22.1 a	22.4 a	48.5 ab	53.0 a	59.5 a
包膜尿素（CU）	153 a	229 a	257 a	17.6 a	22.4 a	21.3 a	48.9 ab	53.3 a	60.2 a
生物炭增效尿素（BU）	157 a	230 a	261 a	17.3 a	21.5 a	22.3 a	50.9 a	54.2 a	58.3 a

3.5　土壤无机氮供应动态

从整个生长期土壤无机氮供应动态可以看出，不同处理间两种氮素形态在各个生育阶段均表现出一定差异，其中不施氮处理（CK）无机氮供应量最低（图 3-8）。播种后第 25 天，生

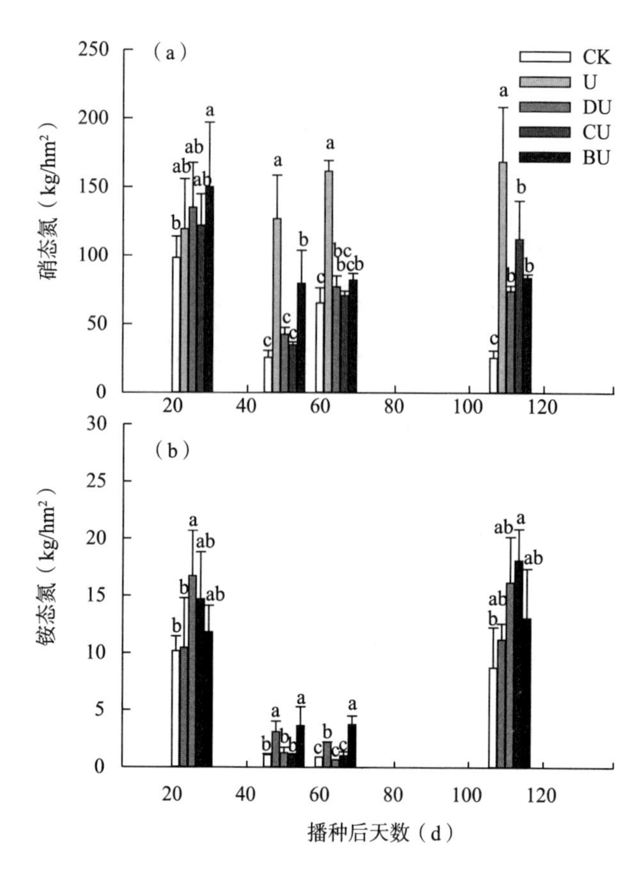

图 3-8　不同时期 0～30 cm 土壤硝态氮（a）和铵态氮动态（b）

CK. 空白对照　U. 习惯施肥　DU. 增效尿素　CU. 包膜尿素　BU. 生物炭增效尿素

物炭增效尿素处理硝态氮含量显著高于对照，增幅为 53%。对铵态氮来说，增效尿素处理显著高于对照和农民习惯施肥处理，增幅为 60%～64%。在生长中期，由于习惯施肥处理在播后第 48 天追肥，无机氮供应量显著增加，其中硝态氮含量远远超出其他处理。此时期生物炭增效尿素处理的硝态氮和铵态氮含量维持较高的水平，其中播后第 50 天硝态氮含量显著高于增效尿素和包膜尿素处理。收获后农民习惯施肥处理硝态氮含量仍然较高，存在较大的淋失风险。3 个一次性施肥处理（增效尿素、包膜尿素、生物炭增效尿素）的硝态氮含量则显著低于农民习惯处理。

总体来说，生物炭增效尿素处理土壤无机氮供应能够更好地与玉米养分需求同步。与包膜尿素处理相似，增效尿素处理在喇叭口期前养分供应量相对较低。

3.6 土壤氨挥发和无机氮残留

施氮处理氨挥发通量均在基肥施入后 3～5 d 内达到峰值（图 3-9），高低顺序依次为农民习惯施肥、包膜尿素、生物炭增效尿素、增效尿素，变化范围为 [0.24～0.55 kg/(hm^2 · d)]。农民习惯施肥处理撒施尿素追肥后（第 48 天）产生了较大的氨挥发，排放通量显著高于其他处理，达到 0.25 kg/(hm^2 · d)。3 个应用缓控释肥的一次性施肥处理在生长中后期氨挥发通量均处于较低水平。

不同施氮处理氨挥发累计总量介于 2.85～7.65 kg/hm^2（表 3-4），挥发损失比例为 0.6%～2.5%。挥发主要集中在施用基肥后至播种后第 48 天，该阶段 3 个缓释肥处理挥发损失占总生育期的 82%～84%，农民习惯施肥处理为 63%。农民

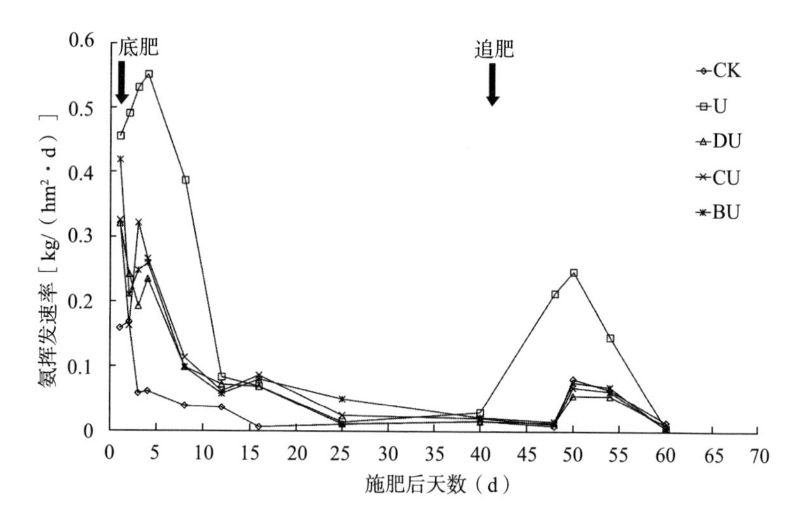

图 3-9 不同氮肥处理下土壤氨挥发动态监测

CK. 空白对照 U. 习惯施肥 DU. 增效尿素 CU. 包膜尿素 BU. 生物炭增效尿素

习惯施肥处理挥发总量显著高于其他处理。与农民习惯施肥处理相比，增效尿素、包膜尿素、生物炭增效尿素氨挥发总量分别减少了 63%、58%、54%。在控制氨挥发损失上，使用抑制剂增效尿素与聚合物包膜控释肥相比表现出更好的效果。采用生物炭和抑制剂组合后氨挥发损失会略大于聚合物包膜尿素。

表 3-4 不同氮肥处理氨挥发总量

处理	基肥—48 d (kg/hm²)	48 d—成熟 (kg/hm²)	氨挥发总量 (kg/hm²)	氨挥发比例 (%)	氨挥发减排 (%)
空白对照 (CK)	1.15 d	0.59 b	1.75 e	—	—
习惯施肥 (U)	4.81 a	2.84 a	7.65 a	2.5	—
增效尿素 (DU)	2.33 c	0.52 b	2.85 d	0.6	63
包膜尿素 (CU)	2.70 b	0.53 b	3.23 c	0.8	58

（续）

处理	基肥—48 d（kg/hm²）	48 d—成熟（kg/hm²）	氨挥发总量（kg/hm²）	氨挥发比例（%）	氨挥发减排（%）
生物炭增效尿素（BU）	2.90 b	0.59 b	3.49 b	1.0	54

玉米收获后土壤剖面硝态氮和铵态氮分布见图 3-10。各处理 0～90 cm 剖面硝态氮、铵态氮总量存在显著差异，其中硝态氮变幅较大，以农民习惯施肥处理含量最高，达到 373 kg/hm²；农民习惯施肥处理较对照和包膜尿素显著增加，增幅分别为 321%和 41%。农民习惯施肥处理较高的土壤无机残留氮导致硝酸盐淋洗风险较高。两个增效尿素处理间无显著差异，缓控释肥通过减缓铵态氮转化有利于硝态氮淋失阻控。

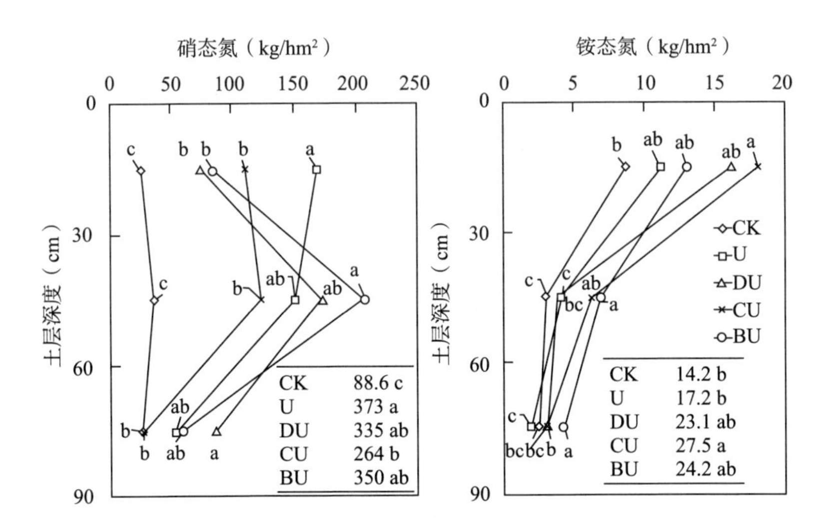

图 3-10 收获后 0～90 cm 土壤硝态氮和铵态氮分层分布和残留总量

CK. 空白对照 U. 习惯施肥 DU. 增效尿素 CU. 包膜尿素 BU. 生物炭增效尿素

3.7 讨论和小结

在总结市场现有肥料的基础上，研发了4种肥料，同时针对其中的2种肥料对夏玉米的影响开展了验证试验，取得了较好的田间效果。

3.7.1 讨论

研究结果表明，一次性施用缓控释肥能够维持较高的玉米产量，其中施用含抑制剂生物炭涂层增效尿素处理增产效果显著，本研究结果与黄淮海夏玉米生产中的一些研究结果一致（衣文平等，2010；江丽华等，2018）。本研究采用的自主研发的新型缓释型增效尿素产品，相对环保且成本低廉。当前一次性施肥中采用聚合物包膜尿素是比较普遍的方式，缓控释氮添加比例一般为30%～100%（Bai et al.，2021）。综合考虑施肥成本，添加比例宜在50%以下。我国含缓控释肥掺混专用肥标准规定缓控释氮含量不低于8%（添加比例为25%～32%）。本试验中包膜尿素处理采用聚合物包膜尿素氮占比为33%、增效尿素占比为67%，与衣文平等（2010）所用包膜控释肥添加比例（30%）接近，低于江丽华等（100%）和郭家萌等（67%）添加比例（衣文平等，2012；郭家萌等，2021）。这说明新型增效尿素具有替代部分包膜尿素的潜力，但其多年长期田间效果需要进一步验证。氮素释放期是包膜尿素的重要指标（Shaviv，2000；杨俊刚，2010a），本试验中包膜尿素释放期为60 d。从收获后土壤无机氮残留量来看（图3-10），包膜尿素处理硝态氮显著降低和铵态氮显著升高，有可能存在氮素释放滞后的现象（曹兵等，2009；杨俊刚等，

2010b)。

目前，黄淮海玉米使用包膜尿素的释放期还没有统一的标准。衣文平等（2010）研究认为夏玉米宜选用释放期为 60 d 的控释尿素、春玉米选用 60～90 d 的控释尿素。江丽华等（2018）和杨岩等（2018）在研究中选用释放期为 30～45 d 的控释尿素。释放期的选择还受到添加普通尿素的影响，但增加包膜尿素比例会增加施肥成本（Bai et al.，2021）。控释肥在土壤中的释放主要受水分和温度的影响，基于本试验及前人研究结果（曹兵等，2009；杨俊刚，2010a；江丽华等，2018；张英鹏等，2019)，在黄淮海南部平原降雨量较多、温度较高的区域考虑选用释放期 60 d 左右的包膜尿素，并适当降低普通尿素的配比。在黄淮海北部降雨量和温度稍低的区域，考虑释放期进一步缩短或选用缓释型肥料同时增加普通尿素的比例。研究表明，添加消化抑制剂的处理与控释肥处理在产量和氮素总损失上差异不显著，均能维持较高的产量（侯朋福等，2017；张英鹏等，2019)。

本试验生物炭增效尿素处理获得了较高氮肥利用效率（表 3-2)，一方面是由于降低了氮肥用量，另一方面是由于其合理的氮素供应。生物炭增效尿素处理在玉米进入快速生长期后维持了相对较高的氮素供应（图 3-8)，为玉米关键生长期（拔节和喇叭口期）提供了足量的氮素，为增产增效奠定基础。农民习惯施肥处理通过追肥也提供了充足的氮素供应，但较高的氮素供应强度没有对植株生长、氮含量以及产量产生显著影响，这与其他研究一致（孙宁等，2011)。

与传统的农民习惯两次施肥（1 次基肥+1 次追肥）相比，一次性施肥降低氨挥发 54%～64%，减少 0～90 cm 土层硝态氮残留 6%～29%，显著降低了氮素损失的风险。应用缓控释肥一次性施肥显著降低了硝态氮淋洗，在很多研究中都观察到这一现象（Sadao et al.，1994；Francis et al.，2003；Jadon et al.，2018）。然而，研究多集中在仅施控释肥的情况下，而生产中往往配施较大比例的普通氮素，这部分氮素进入土壤后，很快水解、氨化及氨氧化并转化为硝态氮，这一过程中会有大量氮素以气态形式挥发和硝态氮形式留存，加剧损失风险（张惠等，2011；张晴雯等，2010）。本试验中一次性施肥后第25天表层硝态氮含量达到122～150 kg/hm^2，此时期（7月中旬）正处于北方集中降雨期，播种后第20～30天降雨量达到147 mm，较大的降雨量有可能进一步加剧土壤硝态氮的淋洗损失。同时，收获后30～60 cm土层硝态氮含量的升高，进一步验证了这种风险的存在。

一次性施肥的氨挥发损失研究多集中在水稻生产中（侯朋福等，2017；张英鹏等，2019）。本试验表明施用基肥后是氨挥发强度较大的时期，一次性施肥挥发通量低于习惯施肥。农民习惯施肥还有一个追肥后的排放高峰（图3-9）。安文博等（2020）的研究表明追肥是造成常规施肥氨挥发的主要原因，在沟施追肥的情况下挥发尤为严重。本研究中追肥采用了撒施后灌水的方法，追肥产生的氨挥发量与沟施相比显著下降。三种缓控释肥相比，增效尿素降低氨挥发最显著，包膜尿素和生物炭增效尿素略有增加，但幅度较小，这与添加的脲酶抑制剂NBPT有较大的关系。增效尿素直接涂在尿素表面，生物炭增效尿素增加了生物炭的隔层效应。

3.7.2 小结

一次性施用缓控释肥可以维持较高的产量，其中含增效剂生物炭涂层尿素处理增产显著。与农民习惯施肥相比，一次性施肥氨挥发损失显著降低，收获后 0～90 cm 土层硝态氮残留下降 6%～29%。含增效剂生物炭涂层尿素处理拔节后供氮显著增加，为玉米生长提供了适宜的氮素供应。增效尿素处理平均氨挥发减排效果与包膜尿素处理接近，但包膜尿素成本较高。综合来看，一次性施用增效尿素是一种新的增产增效途径，其中含抑制剂生物炭增效尿素效果较好。

参考文献

安文博，孙焱鑫，李占台，等，2020. 不同缓控释肥对鲜食玉米产量、品质及氨挥发的影响. 应用生态学报，31（7）：2422-2430.

曹兵，李亚星，徐凯，等，2009. 不同释放期的包衣尿素在夏玉米上应用效果研究. 土壤通报，40（3）：621-624.

高强，李德忠，黄立华，等，2008. 吉林玉米带玉米一次性施肥现状调查分析. 吉林农业大学学报（3）：301-305.

郭家萌，何灵芝，闫东良，等，2021. 控释氮肥和尿素配比对不同品种夏玉米氮素累积、转移及其利用效率的影响. 草业学报，30（1）：81-95.

侯朋福，薛利祥，俞映倞，等，2017. 缓控释肥侧深施对稻田氨挥发排放的控制效果. 环境科学，38（2）：5326-5332.

江丽华，谭德水，李子双，等，2018. 黄淮海夏玉米一次性施肥技术效应研究. 中国农业科学，51（20）：3909-3919.

刘宝存，2009. 缓控释肥料：理论与实践. 北京：中国农业科学技术出版社.

刘兆辉，吴小宾，谭德水，等，2018. 一次性施肥在我国主要粮食作物中的应用与环境效应. 中国农业科学，51（20）：3827-3839.

孙宁，边少锋，孟祥盟，等，2011. 氮肥施用量对超高产玉米光合性能及产量的影响. 玉米科学，19（2）：67-69，72.

杨俊刚，曹兵，徐秋明，等，2010a. 包膜控释肥料在旱地农田的应用研究进展与展望. 土壤通报，41（2）：494-500.

杨俊刚，廖上强，孙焱鑫，等，2020-11-10. 一种增效尿素及其制备方法：CN111908955A.

杨俊刚，刘宝存，徐秋明，等，2014-05-28. 一种无溶剂包膜控释肥料及其制备方法：CN103819292A.

杨俊刚，倪小会，徐凯，等，2010b. 接触施用包膜控释肥对玉米产量、根系分布和土壤残留无机氮的影响．植物营养与肥料学报，16（4）：924-930.

杨俊刚，孙焱鑫，廖上强，等，2021-02-26. 一种清液型高钾液体肥及其专用钾溶液：CN106673840B.

杨岩，谭德水，江丽华，等，2018. 黄淮海夏玉米一次性施肥技术效应研究. 中国农业科学，51（20）：3909-3919.

衣文平，屈浩宇，许俊香，等，2012. 不同释放天数包膜控释尿素在春玉米上的应用研究．核农学报，26（4）：699-704.

衣文平，史桂芳，武良，等，2010. 不同释放期包膜控释尿素与普通尿素配施在夏玉米上的应用效果研究．植物营养与肥料学报，16（4）：931-937.

张惠，杨正礼，罗良国，等，2011. 黄河上游灌区稻田氨挥发损失研究．植物营养与肥料学报，17（5）：1131-1139.

张林，武文明，陈欢，等，2021. 氮肥运筹方式对土壤无机氮变化、玉米产量和氮素吸收利用的影响．中国土壤与肥料（4）：126-134.

张晴雯，张惠，易军，等，2010. 青铜峡灌区水稻田化肥氮去向研究．环境科学学报，30（8）：1707-1714.

张英鹏，李洪杰，刘兆辉，等，2019. 农田减氮调控施肥对华北潮土区小麦-玉米轮作体系氮素损失的影响．应用生态学报，30（4）：1179-1187.

赵营，刘晓彤，罗健航，等，2020. 缓/控释肥条施对春玉米产量、吸氮量与氮平衡的影响．中国土壤与肥料（5）：34-39.

周昌明，李援农，陈朋朋，2020. 一次性施肥模式对覆膜夏玉米产量与氮素利用的影响．农业机械学报，51（10）：329-337.

Bai J，Li Y，Zhang J，et al.，2021. Straw returning and one-time application of a mixture of controlled release and solid granular urea to reduce carbon footprint of plastic film mulching spring maize. J Clean Prod.，280：124478.

Francis Z，Carl J R，Michael P R，et al.，2003. Nitrate leaching and nitrogen recovery following application of polyolefin-coated urea to potato. J. Environ. Qual., 32 (2): 480-489.

Jadon P, Selladurai R, Yadav S S, et al., 2018. Volatilization and leaching losses of nitrogen from different coated urea fertilizers. J Soil Sci Plant Nut., 18 (4): 1036-1047.

Sadao S, Hitoshi K, 1994. Use of polyolefin-coated fertilizers for increasing fertilizer efficiency and reducing nitrate leaching and nitrous oxide emissions. Fert Res., 39: 147-152.

Shaviv A, 2000. Advances in Controlled Release of Fertilizers. Adv. Agron., 71: 1-49.

Zhang W S, Liang Z Y, He X M, et al., 2019. The effects of controlled release urea on maize productivity and reactive nitrogen losses: A meta-analysis. Environ Pollut., 246: 559-564.

Zhang X M, Wu Y W, Liu X J, et al., 2017. Ammonia emissions may be substantially underestimated in China. Environ Sci Technol., 51 (21): 12089-12096.

第4章 精准施肥机械配套应用

精准施肥机械配套应用是实现玉米化肥减施增效的重要装备支撑。欧美等发达国家作物施肥机具种类齐全，配套完善，全程机械化程度高（傅忠等，2005）。比如，美国通过播前土壤测试等手段实时推荐施氮量，同时结合玉米价格/氮肥价格的比值，为各区提供经济最佳施氮量，并利用先进施肥机械将技术应用到生产中（Scott，2006）。为保障作物生长及提高经济效益，玉米在播种时施用种肥（启动肥）以保证前期出苗，在养分需求旺盛的生长发育中后期采用专用机械进行精准变量追肥，提高养分利用效率，减少养分损失（Touchton and Karim，1986；Ross et al.，2013）。这些基于先进施肥机械的技术发展为黄淮海地区精准施肥装备应用提供了重要参考和借鉴。

黄淮海地区农户地块面积较小且分布相对分散，目前不适合引进大型施肥机械。同时，该地区夏玉米一般在冬小麦收获后播种，茬口衔接非常紧凑（王志敏等，2003；赵荣芳等，2009；Sun et al.，2010）。在该地区夏玉米生产中，很多农民采用两次施肥的方式，第一次在玉米播种时施用基肥，第二次在喇叭口期前追肥（Cui et al.，2010）。基于经济效益提升和劳动力短缺的考虑，在播种时同时完成基肥一次性施入，后期不再追肥，实现种肥同播是现代作物生产的趋势。近年来，黄淮海地区夏玉米播种施肥机械装备取得了一系列进展。然而，采用种肥同播方式，肥料作为基肥一次性施入对机械提出了较高的要求。比如，生育中后期不再追肥，种肥用量相对较大，若机械对种子和肥料的位置控制不好，两者位置过近易导致烧苗等现象，会限制玉米产量和养分利用效率的提升（Beegle et al.，2007）。有研究表明，肥料施在种子侧下方，距种子的水平和垂直距离均为5cm左右，容易取得较好的增产增效效果。在满足以上功能的基础上，由于黄淮海地区冬小麦-夏玉米生产体系的特点，机械装备还需要满足多方面的需求。比如，玉米播种时大量的小麦秸秆集中在地表，严重影响播种质量（闫小丽等，2014）。该地区由于多年来小农户分散经营的方式，玉米田块还存在土壤犁底层坚实等生产限制问题（翟振等，2016）。在当地玉米生产中，在实现种肥同播一次性高效作业的基础上，能否兼顾解决秸秆和土壤犁底层障碍等问题，是实现玉米增产增效的关键。播种施肥技术与耕作措施的结合，也是国际玉米生产高度关注的问题（Imtiaz et al.，2010）。以上这些问题对配套播种施肥装备提出了较高的要求。当前黄淮海地区市场上的机械装备如何应对这些生产问题，需要综合深入研究。

本文首先通过文献搜集、市场调研等对国内外玉米生产中常用播种施肥、追肥机械等进行了系统分析。在此基础上，针对黄淮海地区玉米生产特点、选用机型装备开展田间研究，综合分析基于精准施肥装备的种肥同播一次性施肥技术在增产增效方面的田间实际效果。

4.1 研究方法

4.1.1 国内外施肥机械调研

国外施肥机械主要通过 Google、Science Direct 等数据库，进行综合调研。国内施肥机械主要通过资料查阅（互联网、中国知网数据库）、专家访谈和农机市场走访三种方式调研。

4.1.2 施肥机械田间应用效果

4.1.2.1 试验点

试验地点位于中国农业科学院作物科学研究所河南新乡（37°41′02″N，116°37′23″E）试验基地。该地区处于暖温带大陆性季风气候区，年平均气温 14℃，全年≥10℃积温 4 647.2℃，年降水量 573.4 mm。

4.1.2.2 试验设计

试验在 2017 年和 2018 年两年开展，结合该地区前茬小麦秸秆和土壤犁底层障碍因素，根据前期机械装备和调研结果，试验采用裂区设计，以播种耕作方式为主区、肥料处理为副区。播种设置免耕直播（N）、浅旋耕作（R）和条带深松（S）3 种方式。肥料处理设不施氮（对照）、传统施氮处理（270 kg/hm^2，60%基施，40%拔节期追施）、缓控释肥一次性基施（270 kg/hm^2）3 个处理。各处理详细情况见表 4-1。

免耕处理使用当地农哈哈免耕播种机（2BYFSF-4）进行播种，一次同时完成播种及施肥作业。浅旋处理利用卧式旋耕耙首先进行 10～15 cm 旋耕，后与免耕处理相同，使用农哈哈播种机进行播种和施肥作业。条带深松处理采用中国农业科学院作物科学研究所研制的 HHN-2BFYC 型立式条带深松精量播种施肥机进行深松、播种及精准施肥一体化作业，深松深度为 25～30 cm，施肥深度为 10 cm。在以上涉及拔节期追肥的处理中，采用人工追肥的方式进行。

试验用缓控释肥由河南省心连心化肥有限公司生产，N、P_2O_5、K_2O 含量分别为 30%、5%、5%，该肥料采用高分子网捕技术，控释率高。传统施肥处理使用普通复合肥和尿素混合肥料。各处理磷、钾肥施用量相同，均为 45 kg/hm^2 的 P_2O_5 和 45 kg/hm^2 的 K_2O。其中不施氮处理所用磷、钾肥为常规过磷酸钙和氯化钾肥料。

两年均选用郑单 958 为供试材料，6 月中旬播种，种植密度为 6.7 万株/hm^2，60 cm 等行距种植，株距 25 cm。小区面积为 96 m^2（4.8 m×20 m），每小区种植 8 行，3 次重复。在玉米生长发育过程中，根据土壤墒情和天气情况，综合考虑灌水措施。玉米生长过程中，田间杂草控制良好。及时采用植保措施，避免病虫害的发生。当玉米籽粒乳线消失黑层出现后进行人工田间测产，最后完成玉米收获。

表 4-1 不同处理的情况

耕作方式	处理	氮肥施用方式	前茬小麦秸秆
免耕（N）	对照	不施	还田
	常规播种施肥机械	传统分次施用	
	精准播种施肥机械	一次性施用	
浅旋（R）	对照	不施	还田
	常规播种施肥机械	传统分次施用	
	精准播种施肥机械	一次性施用	
深松（S）	对照	不施	还田
	常规播种施肥机械	传统分次施用	
	精准播种施肥机械	一次性施用	

4.1.2.3 测定项目与方法

干物质积累：玉米成熟期，每个小区取代表性植株 3 株，

105℃杀青 30 min，80℃烘干至恒重后测定干物重，样品粉碎用于养分（N）测定。

植株氮素含量利用 KT-2300 型凯氏定氮仪进行测定。

测产和考种：每小区去掉两侧边行和每行两端各五株后，调查相应的空秆数、双穗数。测定全部收获穗的穗鲜重、穗数。选取样本穗 20 穗（误差小于 0.1 kg），风干后脱粒、称重、测定含水量，进而折合成公顷产量。另外，选取 20 穗进行考种。

采用 Microsoft Excel 2019 软件对数据进行处理和作图，采用 SPSS 16.0 统计软件进行方差分析和多重比较。

4.2 国外播种施肥机械特点

综合调研发现，国外机具装备种类相对齐全，配套完善，机械化发展相对成熟。国外播种机多配备液态施肥系统，代表性的公司有德国的 CLAAS，美国的 CNH、John Deere、Great Plains，澳大利亚的 John Shearer，法国的 KUHN 等。这些厂家生产的播种机大多为联合作业机，一次性完成开沟、施肥、播种、喷药、镇压等工序。配备先进电子监测技术，大幅度提升了作业效率，并逐步向自动化、智能化方向发展。优秀的仿形功能使机械作业效果相对精准，并可根据 GPS 和施肥配方实现精准变量施肥。

播种环节实现了高速精量播种，全程智能化操作和监控。在突发天气等事件应对上，采取了相应措施。比如，若因降雨等外在原因错过了最佳追肥期，一些装备可采用自走式高地隙喷药机撒施或滴施液体肥，通用的施肥悬挂系统可以在玉米生长全生育期进地作业。

整体来看，这些装备的特点是作业效率高、速度快、应用面积大。

国外主要玉米播种施肥机械的特点详见表 4-2。

表 4-2 国外主要播种施肥机械的特点

名称	国家	主要特点
John Deere DR 系列播种施肥机	美国	（1）由播种单元、施肥系统、杀虫剂系统、监控系统、中央商品（CSC）系统、输送系统等组成，一次性完成开沟、施肥、播种、喷药等工序。 （2）播种可在 12～24 行选择，最大配套动力 165kW，采用液压马达来控制排种轴，可根据图纸自动调节播种量，实现精准播种。配备高效的 CSC 系统，用来真空输送或清理种子。 （3）以 GPS 技术和软件工程作为基础，使用 SMS Basic 软件制作精准变量施肥配方图，利用计算机、差分 GPS 定位系统以及液压马达等工具，实现变量施肥田间作业
Great Plains YP-1625A 系列气力式精量点播施肥机	美国	（1）由牵引装置、播种单元、排种系统、施肥装置组成，一次完成开沟、播种、施肥、覆土、镇压等工序。 （2）可提供多种行距（等行距及宽窄行模式），作业速度最高可达 9 km/h，具有独创 Air-Pro 气吸排种器和 CLEAR-SHOT 导种管，实现高速作业播种的高精准度。 （3）将化肥深施在种子下部，最大限度地发挥种肥效益。以 STM32F103 芯片为核心，开发了变量施肥控制器，采用增量式 PID 算法实现了对排肥电机转速的闭环控制。以 Qpad-X5 为硬件平台，开发了 Android 上位机软件，保证系统的跟随性能、施肥精度和施肥均匀性

（续）

名称	国家	主要特点
NG12 系列双圆盘气动播种施肥机	美国	（1）可一次性完成开沟、施肥、播种、施药、镇压等多道工序。 （2）可自动控制施肥量。施肥作业是肥料通过排肥器定量排出，再通过导肥槽均匀撒布于旋耕机刀辊前方，经旋耕后均匀混入土层，从而彻底实现种肥分施，避免烧种现象发生（如能够严格控制种肥间距离，也可在同一个圆盘开沟器内同时完成播种和施肥）。 （3）圆盘开沟器组件的作业深浅采用多孔间隔式上下调节。排种（肥）器的工作是由拖辊转动后经传动链条同步驱动完成的。也可根据用户需要采用旋耕机变速箱二轴驱动实现排种（肥）器的工作，达到种肥分层施、不烧种的目的
索力特气吸式精量播种施肥机	德国	（1）配套动力驱动耙，可一次性完成整地、播种和施肥作业。 （2）作业宽度 3～12 米，适合不同规模大小的地块。监视传感器位于种子分配器下方，确保播种质量。如果播种过程中排种管排种不顺畅或者堵塞，传感器发出警告信号。双圆盘开沟器带橡胶镇压轮保证精确的播种位置。 （3）配备施肥箱，进行精准施肥控制

4.3 国内播种施肥机械特点

我国也在不断加强对播种施肥机械的研究，部分机械一次进地可同时完成破茬、松土、播种、分层施肥、镇压等作业，在黄淮海地区得到应用。目前国内市场上主要的播种施肥机械有农哈哈的 2BMSQFY-4 深松全层施肥播种机、大华宝来的

2BMYFZQ 系列牵引式精量施肥播种机和 2BMYFS 深松全层施肥免耕精量播种机、德邦大为的 2BMG-12 系列免耕精量播种施肥机（图 4-1）。

2BMSQFY-4深松全层施肥播种机

2BMYFS深松全层施肥免耕精量播种机

2BMG-12系列免耕精量播种施肥机

2BMYFZQ系列牵引式精量施肥播种机

图 4-1　黄淮海地区主要施肥播种机械

以上播种施肥机械的特点概括如下（表 4-3）：

表 4-3　国内主要播种施肥机械的特点

名称	公司	主要特点
2BMSQFY-4 深松全层施肥播种机	农哈哈	（1）排种器精量播种，省种子，分布均匀，四连杆仿形可保证在丘陵、平原地区作业时播种深度一致性，采用多级变速可以有效地满足不同地域对不同株距的需求。 （2）全层施肥，肥料垂直分布在距地表 100～250 mm 处。机具采用两个肥箱排肥。浅层的肥量通

（续）

名称	公司	主要特点
2BMSQFY-4 深松全层施肥播种机	农哈哈	过一个排肥箱独立调节，在防止烧苗的同时保证玉米早期养分充足供应。另一个排肥箱可以用来保证玉米在中期和后期对肥料的需求。 （3）深松铲后方带有整地碎土轮，解决因深松铲造成的地表不平等问题，使地表平整，保证播深一致
2BMYFS 深松全层施肥免耕精量播种机	大华宝来	（1）单粒精播，苗全、苗壮。 （2）对土壤进行 30 厘米以上深松的同时，将全季肥料一次性分施到根系密集层。具有两套排肥系统，保证土壤不同层次养分供应。排肥机构设计为不锈钢双肥箱，增加了人工添肥可折叠的脚踏板。 （3）四连杆仿形机构提高了机具对地表平整度的适应性，可保证播种深度一致性
2BMYFZQ 系列牵引式精量施肥播种机	大华宝来	（1）机具由播种单体、施肥系统、监控系统等组成。可一次性完成深松、分层施肥、精量单粒播种、挤压覆土等工序。 （2）进口排种器实现单粒精播，多级变速可调节不同株距。 （3）种肥上下左右各错开 5 cm，即避免浅层多量施肥烧苗，又可免去追肥浇水麻烦，节省人工作业，提高了肥料的利用率。可在麦收后直接免耕播种，底肥施用可深达 25 cm，促进根系发达、植株健壮
2BMG-12 系列免耕精量播种施肥机	德邦大为	（1）采用气吸式排种器，播种精度高，作业速度快，可一次完成侧深施肥、清理种床、单粒播种、覆土、镇压等工序。 （2）增设施肥装置，简化生产环节。施肥开沟器形式为单圆盘，施肥量调整范围大，能够实现侧深施肥。 （3）通过组装不同工作部件，达到耕整后播种和免耕播种目的，监控系统具有作业速度监测、堵肥和缺肥报警、漏播报警、播种粒数统计、作业面积统计、口肥监控六大功能

综合来看，国内播种施肥机械主要存在以下问题：

（1）目前多采用机械式排种器，先进的排种器主要靠进口。气吸式排种器适合高速作业，但价格昂贵。

（2）我国的施肥播种机配套的施肥装置和技术相对单一，如分层变量施肥等功能需进一步提高。

（3）由于大多数地区土地规模较小，机具多为小型机具，作业效率较大型机具低，智能化程度低。

与国外先进装备相比，我国玉米播种施肥装备还需进一步发展。黄淮海夏玉米区受种植规模所限，机械化程度相对落后。在玉米实际生产中，迫切需要能够将播种、施肥、镇压等过程一次性作业完成的装备。种肥同播一次性施肥技术需要配套装备、农机农艺融合，实现精播保苗、肥料减施增效。

4.4 应用不同机械的田间产量

综合两年的田间试验结果来看，夏玉米产量受耕作方式、肥料处理及其相互作用之间的影响显著（表4-4）。在不同年份和耕作方式下，采用种肥同播一次性施肥技术的一次性基施缓释肥处理产量最高，对照产量最低。一次性基施缓释肥处理产量为9.8 t/hm^2，比传统施肥和对照分别增产42.0%和8.9%。同时，不同耕作处理之间，深松处理的产量最高，为9.1 t/hm^2，分别比旋耕和免耕增产8.3%和11.0%。

施肥处理的产量构成三要素均高于对照处理（表4-4）。在常规分次施肥与一次性基施缓释肥处理之间，亩穗数和穗粒数差异不显著。在不同施肥方式之间，一次性基施缓释肥处理的千粒重最高，为373.1 g，比传统施肥高6.0%。在不同耕作处理之间，深松处理的千粒重最高（364.5 g），显著高于其他两种耕作方式。

以上结果表明，基于精准播种施肥机械装备养分管理需要与耕作等措施相结合，才能更好地实现产量潜力。与农民传统分次施肥相比，一次性基施缓释肥增产的机理在于籽粒灌浆期千粒重的提升。

表 4-4　各处理玉米产量和产量构成

处理	产量（t/hm^2）	穗数（万/hm^2）	穗粒数	千粒重（g）
年份				
2017	8.6a	5.6a	441a	351.2a
2018	8.5a	5.5a	440a	350.5a
耕作方式				
免耕（N）	8.2b	5.5a	439a	343.1b
旋耕（R）	8.4b	5.5a	440a	345.0b
深松（S）	9.1a	5.6a	443a	364.5a
施肥方式				
对照	6.9c	5.1b	424b	327.3c
传统施肥	9.0b	5.7a	447a	352.1b
一次性基施缓释肥	9.8a	5.8a	451a	373.1a
变异来源				
年份	ns	ns	ns	ns
耕作	**	ns	ns	**
肥料	**	**	**	**
年份×耕作	ns	ns	ns	ns
年份×肥料	**	*	**	**
肥料×耕作	ns	ns	ns	ns
年份×耕作×肥料	ns	ns	ns	ns

4.5 氮素利用效率

与产量的结果相似，三个耕作方式之间深松处理氮肥利用效率较高，两个施肥处理在年际间表现出一定的差异（图 4-2、图 4-3 和图 4-4）。

就免耕直播两个氮肥处理来说，2017 年一次性基施缓释肥处理的氮肥偏生产力显著高于传统施肥处理（图 4-2）。该年份一次性基施缓释肥处理氮肥偏生产力为 25.6 kg/kg，比传统处理高 10%。氮肥的回收利用率、农学效率、生理利用率之间差异不显著。2018 年两个处理之间各氮肥利用率差异均不显著。

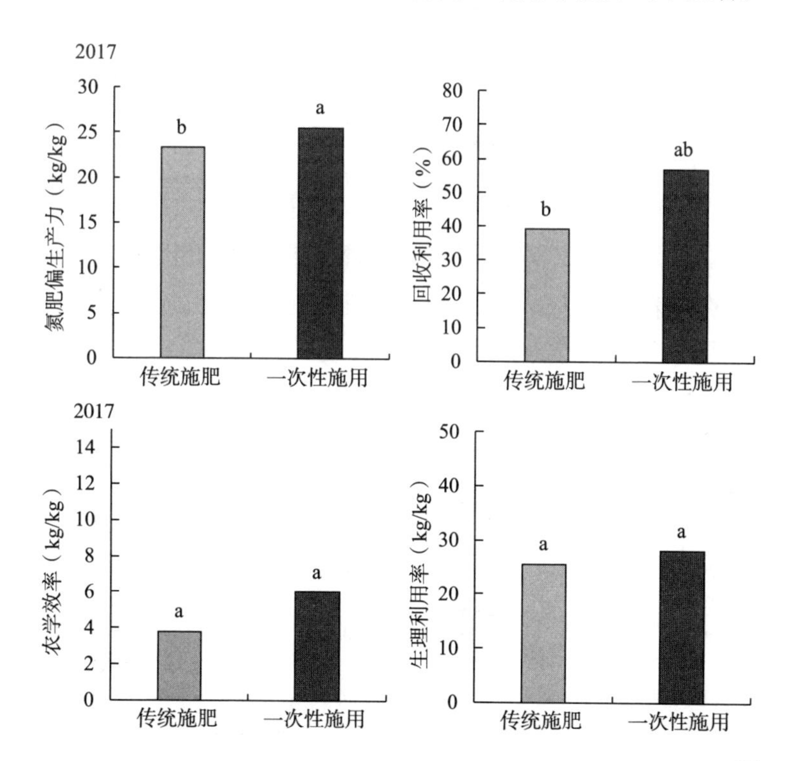

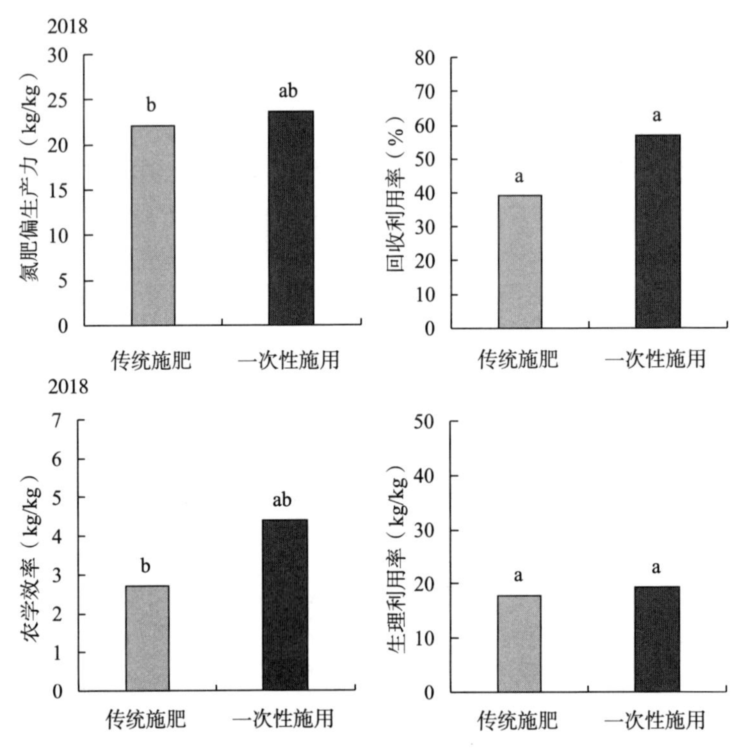

图 4-2　免耕条件下不同机械施肥处理的氮素利用效率

在旋耕条件下，2017 年一次性基施缓释肥处理的氮肥生理利用率显著高于传统处理，比传统处理高 14%（图 4-3）。

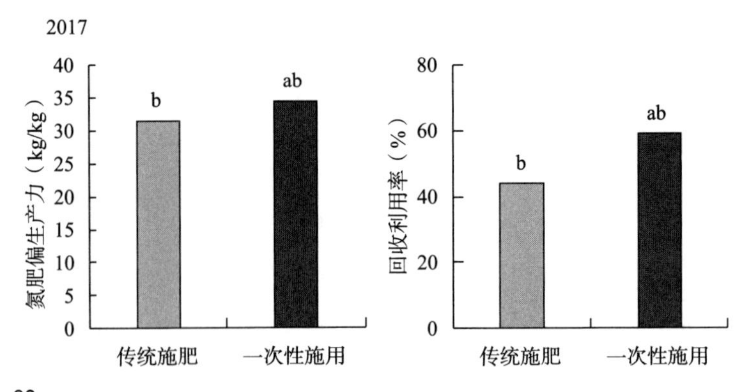

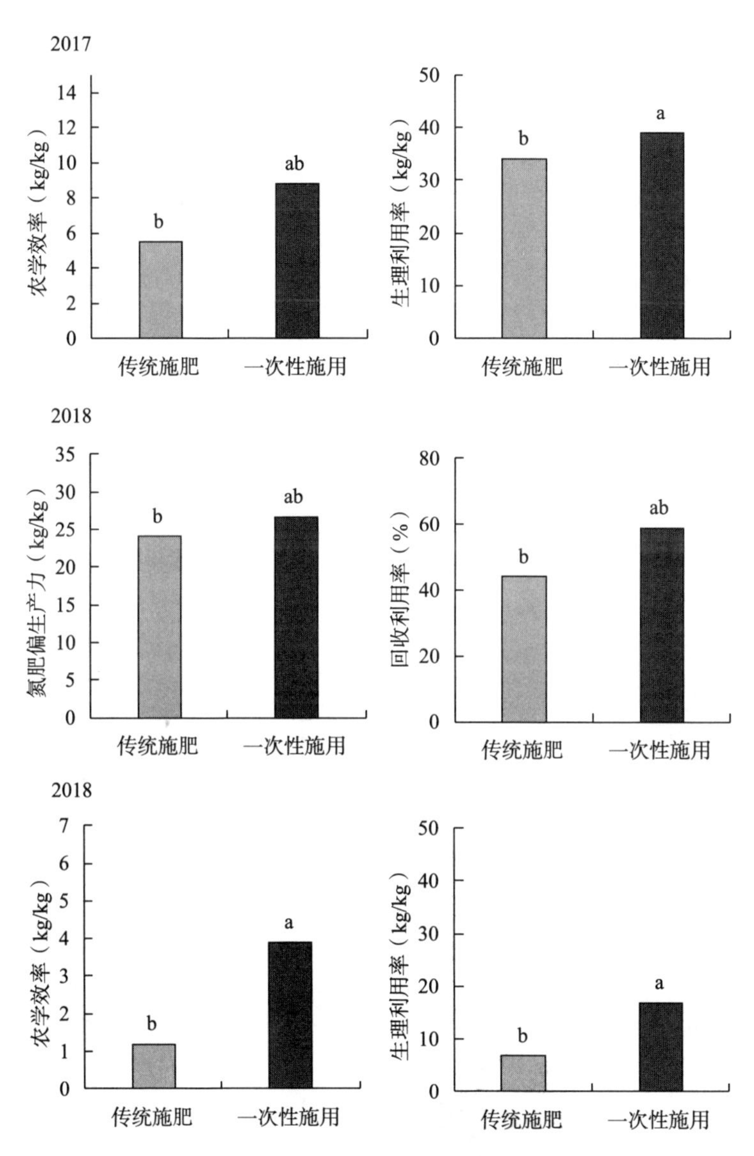

图 4-3 旋耕条件下不同机械施肥处理的氮素利用效率

2018年，一次性基施缓释肥处理的氮肥生理利用率相较于传统处理进一步大幅提升。同时，农学效率也得到了显著改善。

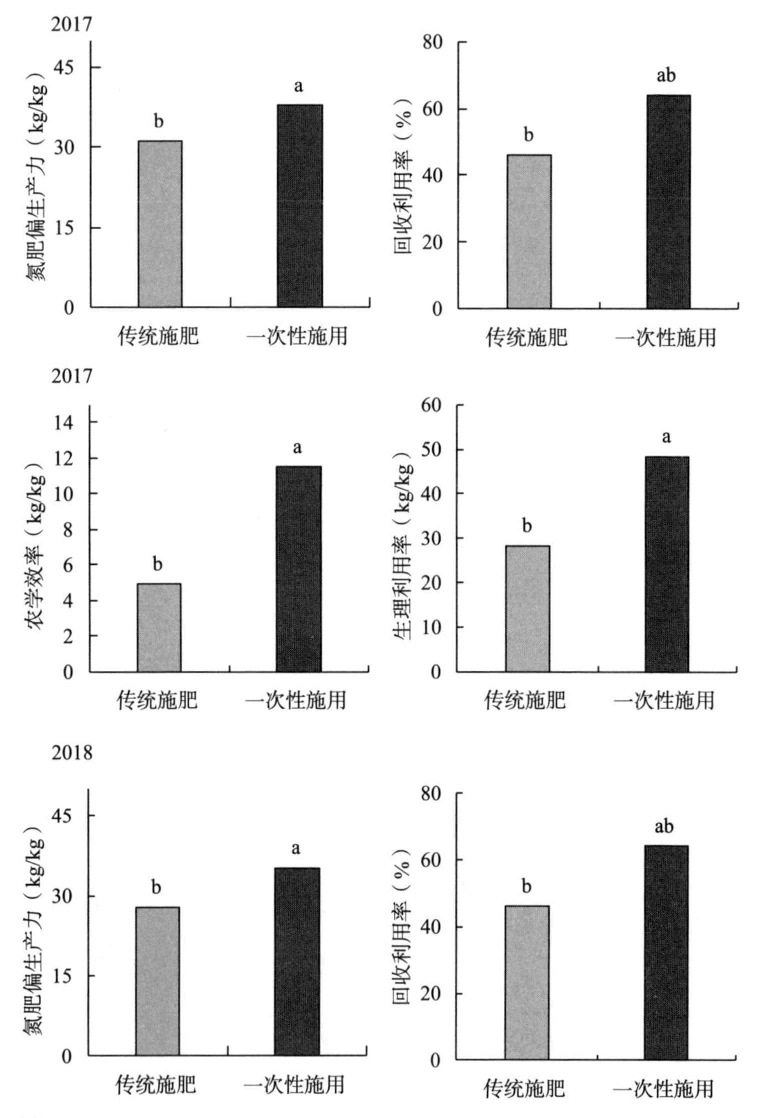

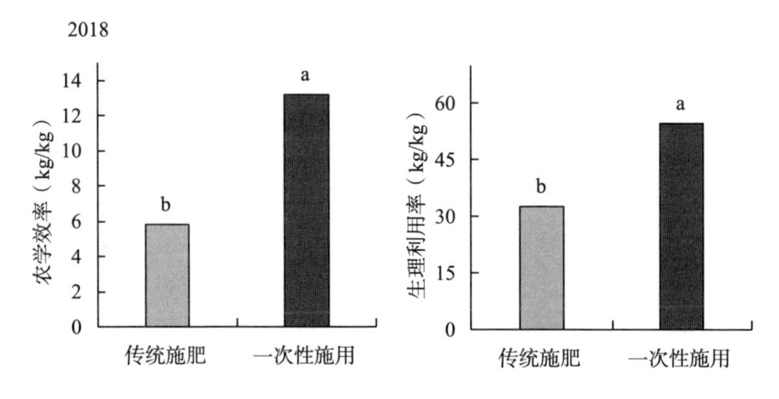

图 4-4 深松条件下不同机械施肥处理的氮素利用效率

与上述免耕和旋耕处理相比，结合深松措施的一次性基施缓释肥处理的氮肥利用效率进一步提升，比传统处理明显改善。其中，2017 年氮肥偏生产力、农学效率、生理利用率分别较传统提高 22%、135%、71%。与传统施肥处理相比，2018 年氮肥偏生产力、农学效率、生理利用率分别提高 27%、128%、68%。

4.6 讨论和小结

4.6.1 讨论

本研究在调研国内外播种施肥机械的基础上，通过两年田间试验综合分析了不同机械施肥播种方式对产量和氮肥利用的影响，该研究将为黄淮海地区玉米生产实现减肥增效提供装备支撑。

通过总结发现，欧美玉米播种施肥机械利用技术先进，朝着大型化、专业化、自动化等方向发展。施肥机械与所用肥料配套，可以满足颗粒肥或液体肥等多种肥料施入土壤的需求。比如，在美国玉米生产中，播种时施用固体掺混肥和液体肥等作为启动肥，能够有效保障玉米前期生长发育的需要（Beegle and Roth，2007）。生育中后期，根据玉米生长发育对养分的需求，再进行追肥。综合来说，这些机械能够结合配套肥料，在玉米生育期内高效完成施肥作业，取得较好的生产效果。与欧美机械相比，我国的播种施肥机械研究起步相对较晚，尤其施肥机械是在播种机械基础上，通过改造添加部件等完成，还相对落后。同时，与这些机械配套的肥料还相对欠缺，需要进一步提升机械、肥料互适性（黄燕等，2006）。

通过对施肥机械的田间实际作业效果对比发现，一次性施用缓控释肥能够有效提升产量和氮肥利用效率（表 4-4、图 4-2、图 4-3 和图 4-4）。与传统施肥相比，一次性施用缓控释肥增产的主要机理是增加了粒重，亩穗数和穗粒数无显著差异（表 4-4）。这说明机械配套缓控释肥的处理能够在玉米生育前期满足生长发育的需求，同时在生育中后期也对玉米生长起到较好的促进作用。分析其机理，可能主要是由于以下两方面的原因：①机械配套施入控释肥后，由于良好的养分控释性能，在土壤中养分的释放能够与地上玉米植株生长发育的需求在数量和时间上同步（石岳峰等；2009；Babar et al.，2014；Timilsena et al.，2015）。②机械配套施入控释肥在玉米生育中后期延缓了叶片衰老，增加了绿叶光合有效时间，从而显著影响灌浆过程，最终提升粒重，获得较高产量（杨峰等，2017）。在宁夏永宁地区的研究发现，机械配套施用控释肥一次性基施能够满足高产玉米（≥15 t/hm^2）的氮素需求，花后吸氮高达总生育期的 51%～63%，延缓了高产玉米的后期叶片衰老，提升了产量（Guo et al.，2017）。

在实际生产中，实现玉米高产高效需要养分管理与栽培措施的结合。由于黄淮海地区冬小麦-夏玉米一年两熟种植体系的特点，夏玉米播种前存在着前茬小麦秸秆多、土壤紧实度大、犁底层厚等限制因素（闫小丽等，2014；翟振等，2016）。本研究中，播种施肥机械配套深松措施的处理取得了最高的产量和氮肥利用效率。这表明，在未来黄淮海地区农业机械设计和发展过程中，在充分考虑肥料一次性基施的基础上，要与其他装备配套，克服高产高效障碍，从而获得较高的产量水平和资源利用效率。

4.6.2 小结

在对比分析国内外播种施肥机械现状的基础上，通过田间实证研究分析了不同机械装备对夏玉米产量和氮肥利用的影响。结果发现，国外机械化发展相对发达和完善，我国需要进一步提升机械-肥料互适性设计和研究。田间实际作业效果对比发现，一次性施用缓控释肥能够有效提升产量和氮肥利用效率，其机理主要是养分的释放能够同步地上生长发育的需求，尤其是在花后能够有效促进作物的籽粒灌浆。在生产中，实现玉米高产高效生产需要养分管理与栽培措施的结合。

参考文献

傅忠，黄大明，刘监，2005. 国外农业机械化发展方向及其启示．广西农业机械化（1）：9-13.

黄燕，汪春，衣淑娟，2006. 液体肥料的应用现状与发展前景．农机化研究（2）：198-200.

石岳峰，张民，张志华，等，2009. 不同类型氮肥对夏玉米产量、氮肥利用率及土壤氮素表观盈亏的影响．水土保持学报，23（6）：95-98.

王志敏，王璞，兰林旺，等，2003. 黄淮海地区优质小麦节水高产栽培研究. 中国农学通报，19（4）：22-43.

闫小丽，薛少平，朱瑞祥，等，2014. 冬小麦秸秆还田对夏玉米生长发育及产量的影响．西北农林科技大学学报（自然科学版），42（7）：41-46.

杨峰，闫秋艳，鲁晋秀，等，2017. 氮肥运筹对夏玉米产量、氮素利用率及土壤养分残留量的影响．华北农学报，32（1）：171-178.

翟振，李玉义，逄焕成，等，2016. 黄淮海北部农田犁底层现状及其特征．中国农业科学，49（12）：2322-2332.

赵荣芳，陈新平，张福锁，2009. 华北地区冬小麦-夏玉米轮作体系的氮素循环与平衡．土壤学报，46（4）：684-697.

Babar A，Kuzilati K，Zakaria B M，et al.，2014. Review on materials & methods to produce controlled release coated urea fertilizer. J. Control Release，181：11-27.

Beegle D B，Roth G W，Lingenfelter D D，2007. Starter fertilizer. Pennsylvania State Extension.

Imtiaz A，Jan M T，Muhammad A，2010. Tillage and nitrogen management impact on maize. Sarhad J. Agric.，26（2）：157-167.

Cui Z，Chen X，Zhang F，2010. Current nitrogen management status and measures to improve the intensive wheat-maize system in China. Ambio，39（5-6）：376-384.

Guo J M，Wang Y H，Blaylock A D，et al.，2017. Mixture of controlled release and normal urea to optimize nitrogen management for high-yielding（>15 t/hm^2）maize. Field Crops Res.，204：23-30.

Ross R B，Jason W H，Matias L R，et al.，2013. Nutrient uptake，partition-ing，and remobilization in modern，transgenic insect- protectedmaize hybrids. Agron. J.，105（1）：161-170.

Scott M，2006. Fertilizer nitrogen BMPs for corn in the north central region. Better Crops，90（2）：16-18.

Sun H Y，Shen Y J，Yu Q，et al.，2010. Effect of precipitation change on water balance and WUE of the winter wheat-summer maize rotation in the North China Plain. Agric. Water Manage. , 97 (8): 1139-1145.

Timilsena Y P, Adhikari R, Casey P, et al. , 2015. Enhanced efficiency fertilizers: A review of formulation and nutrient release patterns. J. Sci. Food Agric. , 95 (6): 1131-1142.

Touchton J T, Karim F, 1986. Corn growth and yield response to starter fertilizers in conservation tillage systems. Soil Tilla. Res. , 7 (1-2): 135-144.

第5章　化肥减施技术Meta分析

作为我国重要夏玉米生产区，黄淮海地区地肥料不合理施用引起了国内外高度关注（Ju et al.，2009）。合理施用氮肥对于提高夏玉米产量和氮肥利用率、减轻环境风险具有重要意义（吕殿青等，1998；黄绍敏等，1999；张福锁，巨晓棠，2003）。前人提出可通过分次优化施肥等方式，改变之前“一炮轰”的施肥方式，将氮肥后移至玉米吐丝期前后弥补作物生育后期氮素供应不足带来的减产等问题（陈祥等，2008；Mueller et al.，2017）。优化分次施肥可以提供充足养分供应，满足作物生长的需求，增强根系活力，显著提高籽粒产量（王启现等，2003；夏来坤等，2009）。然而，分次施肥过程繁琐，尤其是后期玉米植株高大，追肥操作不便，不能适应现代作物生产需求。有研究表明，利用控释肥一次性施肥技术可以显著提升氮肥利用效率6%～87%，提高产量3%～32%（刘兆辉等，2018）。同时，一次性施肥还可以减少农田氨挥发和氧化亚氮的排放，降低氮素淋洗和径流损失，保护环境（张婧等，2016）。这主要是因为缓控释氮肥能够有效地控制氮肥养分释放（张民等，2005），显著降低氮素的损失风险（赵斌等，2009；丁相鹏等，2020）。缓控释氮肥的应用同时对夏玉米产量和品质也有明显改善作用（黄绍敏等，1999；马丽等，2006；易镇邪等，2007；邵国庆等，2008）。近年来，缓控释肥应用得到大量关注。有研究指出，播种时一次性施用控释肥和尿素混合肥料能够满足高产玉米（>15 t/hm^2）的氮素需求，显著改善氮肥利用效率（Guo et al.，2017）。

综上所述，前人针对黄淮海夏玉米氮肥减施增效技术做了大量研究，产量、氮肥利用效率和经济效益得到明显改善。然而，目前还缺乏对黄淮海地区夏玉米氮肥管理体系整体研究进展的综合分析。基于此，本文共总结了国内外84篇文献，从产量、氮肥利用效率、经济效益、环境效益这四个方面分析近20年来不同氮肥管理方式对黄淮海夏玉米的综合影响。

5.1 研究方法

5.1.1 数据来源

针对黄淮海地区不同施肥方式和类型，数据主要是2000年以来公开发表且能获得全文的学术论文。在中国知网、万方数据、百度学术等数据资源库通过检索“一次性施肥”“施肥方式”“控释肥”“氮肥利用效率”“温室气体排放”“施氮类型”“黄淮海”“夏玉米”等关键词，下载符合要求的期刊文献、硕士及博士学位论文。对收集的文献进行筛选整理并纳入初选文献库。

对文献的筛选遵循以下原则：①夏玉米产区为黄淮海地区，有详细的试验地点记录；②必须有施氮量、施氮方式和类型的详细记录；③试验处理中包含不施氮对照组，同一组试验处理中氮肥为单一控制变量，磷、钾肥施用量一致，其他管理措施一致；④需具备以下至少1项以上的参数：作物产量、地上部分植株吸氮量、氮肥利用效率、氨挥发量、N_2O排放量、经济效益等。

最终，从初选文献库中筛选出符合要求共 84 篇文章，进而对相关研究指标进行汇总和分析。首先，建立施肥方式数据库（共有 638 对数据），该数据依次分为不施氮处理组（110 对）、农户习惯施肥组（80 对）、优化施肥组（448 对）。在此基础上，优化施肥又分为一次性施肥组（322 对）和分次施肥组（126 对）。

数据中共有 58 个试验样本点，主要分布于山东、河南、河北和北京，其中山东 25 个点、北京 4 个点、河北 10 个点、河南 19 个点。

5.1.2 数据分析

氮肥效率计算公式（Cabello et al.，2011）：

氮素盈余量＝施氮量－吸氮量

氮肥回收利用率（NRE,％）＝(施氮区总吸氮量－不施氮区总吸氮量）/施氮量×100％

氮肥农学利用率（NAE，kg/kg）＝(施氮处理籽粒产量－不施氮处理籽粒产量）/施氮量

氮肥偏生产力（NPFP，kg/kg）＝施氮区产量/施氮量

氮肥生理利用率（NPE，kg/kg）＝(施氮区籽粒产量－不施氮区籽粒产量)/(施氮区总吸氮量－不施氮区总吸氮量)

试验数据用 Microsoft Excel 2016 和 SPSS Statistics 25.0 进行统计分析，用 Origin 2021 进行图表分析处理与制图。

5.2 总样本施氮量

如表 5-1 所示，对收集的数据进行分类，分为不施氮肥、农户习惯施（氮）肥和优化施（氮）肥三个处理。从样本数量上来看，优化施肥的数据样本量最多，超过总样本量一半，其次为不施氮肥处理，占总数的 1/6，农户习惯施肥数据量最少。总样本施氮量为 186.4 kg/hm^2，农户传统施氮量为 270.9 kg/hm^2。优化施肥施氮量为 171.3 kg/hm^2，比农民传统低 37%。

表 5-1 不同施氮方式数据统计

组别	样本数量	平均值 (kg/hm^2)	标准差	中位数 (kg/hm^2)
合计	638	186.4	62.5	180
不施氮肥	110	0	0	0
农户习惯施肥	80	270.9	61.9	294
优化施肥	448	171.3	49.2	180

分析优化施肥数据发现，优化施氮可以进一步分为一次性施肥和分次施肥（表 5-2）。一次性施肥的施氮量（168.8 kg/hm^2）略低于分次施肥（177.42 kg/hm^2），中位数一致。

表 5-2 一次性优化施肥和分次优化施肥的数据统计

组别	样本数量	平均值 (kg/hm^2)	标准差	中位数 (kg/hm^2)
一次性施肥	322	168.8	48.2	180
分次施肥	126	177.4	51.2	180

5.3 施氮方式对产量和氮素吸收利用的影响

与对照相比，施氮能显著增加玉米的产量（图 5-1）。优化施肥和农户习惯施肥的产量均在 10.0 t/hm²左右，较对照处理增加 25%。优化施肥中一次性施肥和分次施肥处理之间差异也不显著。尽管施氮量不一样，优化施氮和农民习惯施肥处理植株地上部分吸氮量相似（图 5-2）。在土壤氮素盈余方面，不施氮肥、农户习惯施氮和优化施氮处理之间存在显著差异。其中，农民习惯施氮处理的氮素盈余最高，为 64.7 kg/hm²，优化处理基本处于氮素平衡状态（－34 kg/hm²）。农户习惯处理收获期氮盈余偏高，增加了向环境排放的风险。两种优化施肥处理的氮素吸收和氮素平衡较为相似，无显著差异。

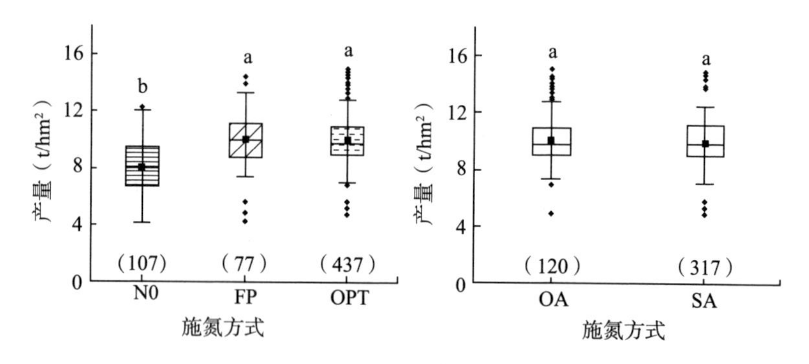

图 5-1 不同施氮方式对夏玉米产量的影响

注：①N0 为不施氮肥，FP 为农户习惯施氮，OPT 优化施氮，优化施氮分为一次性优化施氮（OA）、分次优化施氮（SA）；②括号内的数为各处理的样本量，图中箱体的横线为中位数，空心方点为平均值；③小写字母表示同一品种在处理间 0.05 水平上的差异显著性。下同。

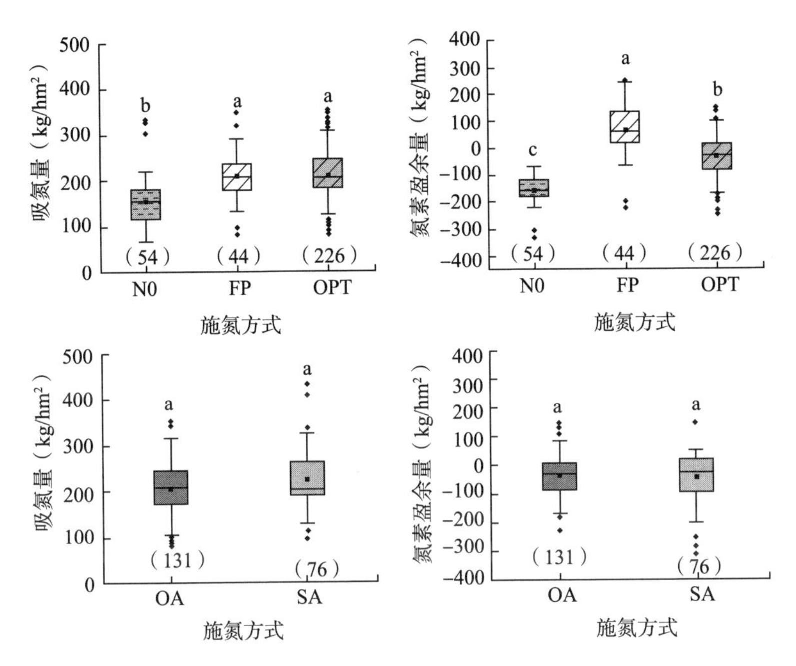

图 5-2 不同施氮方式对夏玉米氮肥吸收和盈余的影响

从优化施肥的两种施肥方式来看，一次性施肥和分次施肥在氮肥投入量、植株吸氮量和氮素盈余量方面差异不显著。一次性施肥的氮肥投入量比分次施肥低 5.1%，植株吸氮量比分次施肥低 9.2%，一次性施肥氮素盈余量比分次施肥高 32.7%。分次施肥处理与一次性施肥处理相比，在达到相同产量的条件下，氮肥投入量和消耗量较高。一次性施肥则能够通过减少氮肥的投入和消耗达到节氮的目的。

不同的施肥方式对氮肥效率影响各不相同（图 5-3）。从氮肥回收利用率来看，优化施肥处理的氮肥回收利用效率显著高于农户习惯施肥，二者分别为 38.3%（优化施肥）和 23.9%（农户习惯施肥）。其次，从氮肥的偏生产力来看，优化施肥的氮肥偏生产力为 62.7 kg/kg，显著高于农户习惯施肥（39.3%）。优化施肥处理的氮肥农学利用率为 14.4%，是农户习惯施肥处理的 2.13 倍。对氮肥生理利用率进行分析，优化施肥处理的氮肥生理利用率（30.1 kg/hm^2）略高于农民习惯施肥处理（27.9 kg/hm^2），二者差异不显著。综合四种氮肥利用率的评估指标，一次性优化施肥的氮肥利用效率最高，农户习惯施肥最低。

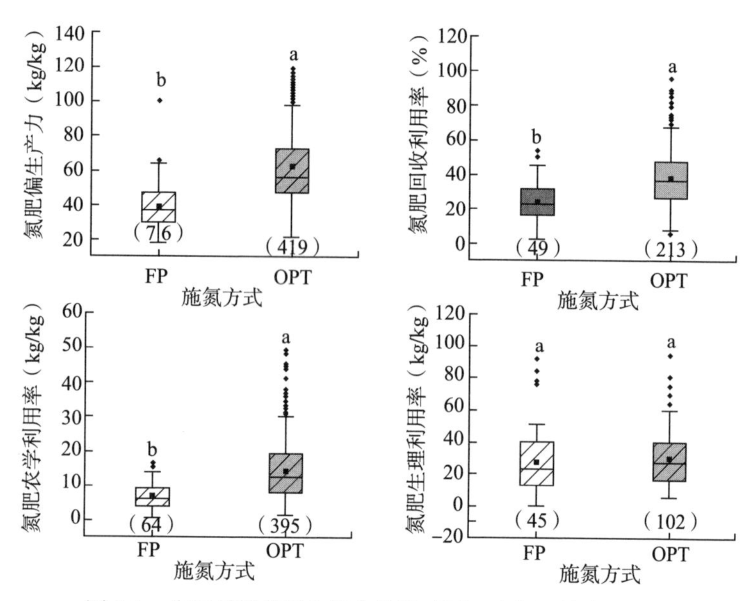

图 5-3　农民习惯施肥和优化施肥对夏玉米氮肥效率的影响

一次性施肥和分次施肥在氮肥回收利用效率、氮肥偏生产力和氮肥农学利用效率上差异不显著，在氮肥生理利用效率上差异显著（图 5-4）。一次性施肥的氮肥回收利用率比分次施肥低 12.4%，而在氮肥偏生产力和氮肥农学利用效率方面上略高于分次施肥，分别比分次施肥高 3.8%、8.2%。在氮肥生理利用效率方面，一次性施肥比分次施肥高 38.2%。

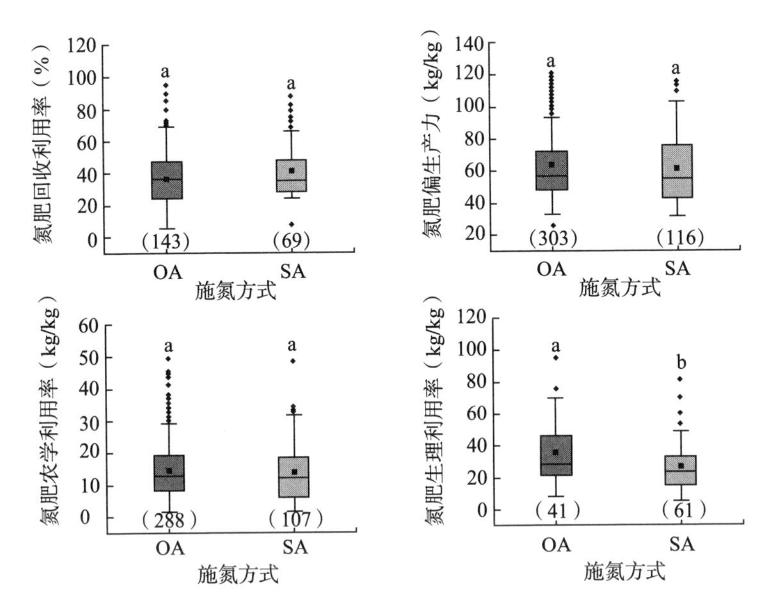

图 5-4 一次性施肥和分次施肥对夏玉米氮肥利用效率的影响

5.4 施氮方式对经济效益和温室气体排放的影响

对不同施氮方式下经济效益进行综合分析（图 5-5），发现不施氮肥的经济效益显著低于农户习惯和优化处理，农民习惯与优化处理之间差异不显著。一次性优化施肥两个处理之间的经济效益差异也不显著。

氨挥发和 N_2O 排放是农田氮素损失的主要途径之一，而施氮方式是影响氨挥发和 N_2O 排放的重要因素。结果发现，对不同施氮方式的 N_2O 排放进行分析，发现优化处理略低于农户习惯处理，但差异不显著（图 5-6）。分次施肥 N_2O 排放量（2.2 kg/hm^2）显著低于一次性施肥（3.3 kg/hm^2）。

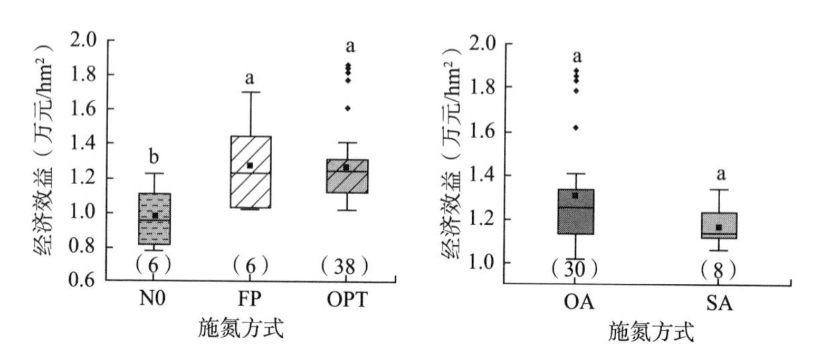

图 5-5　不同施肥方式对夏玉米经济效益的影响

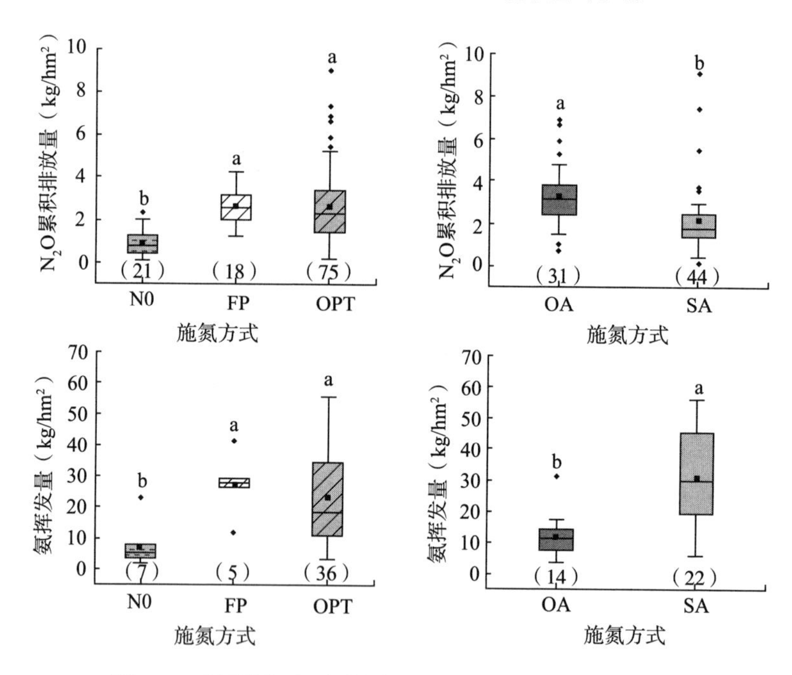

图 5-6　不同施氮水平对氨挥发和 N_2O 累积挥发量的影响

农户习惯和优化施肥的氨挥发量显著高于不施氮肥处理（图 5-6），农户习惯和优化施肥处理之间差异不显著，在 23.4～27.3 kg/hm²之间。两个优化处理之间差异显著，一次性施肥处理（11.7 kg/hm^2）显著低于分次施肥（30.8 kg/hm^2）处理。因此，从氨挥发角度，尽量减少施肥次数是减少损失的重要途径。

5.5 不同氮肥类型的一次性施肥对产量和氮素吸收利用的影响

分析文献发现，一次性施肥主要是应用三种氮肥形式：尿素、控释肥和两者的掺混肥。数据库中的一次性施肥数据进一步划分为3组数据（表5-3）。在施氮量方面，尿素、控释肥、掺混肥处理分别为178.4 kg/hm^2、177.1 kg/hm^2、139.1 kg/hm^2，掺混肥处理的施氮量显著低于尿素和控释肥处理。

表5-3 一次性施肥不同氮肥类型数据统计

组别	样本数量	平均值（kg/hm^2）	标准差	中位数（kg/hm^2）
尿素（U）	54	178.42	49.32	190
控释肥（C）	197	177.09	46.22	180
掺混肥（B）	43	139.13	41.05	147

首先，分析了不同氮肥类型对作物产量的影响（图5-7）。分析结果显示，三种氮肥类型对夏玉米产量的影响不显著。尿素处理的产量（10.1 t/hm^2）略高，其次是控释肥（10.0 t/hm^2），掺混施肥的产量略低（9.7 t/hm^2）。

在氮素吸收量方面，三种氮肥类型吸氮量差异不显著，平均都在200 kg/hm^{2}左右（图5-8）。在土壤氮素盈余方面，三种施氮类型的氮素盈余量均处于平衡或略有亏缺状态。随施氮量的增加，氮素盈余量不断增加，由亏缺状态转为盈余状态，当施氮量达到211.4 kg/hm^{2}时达到平衡状态。

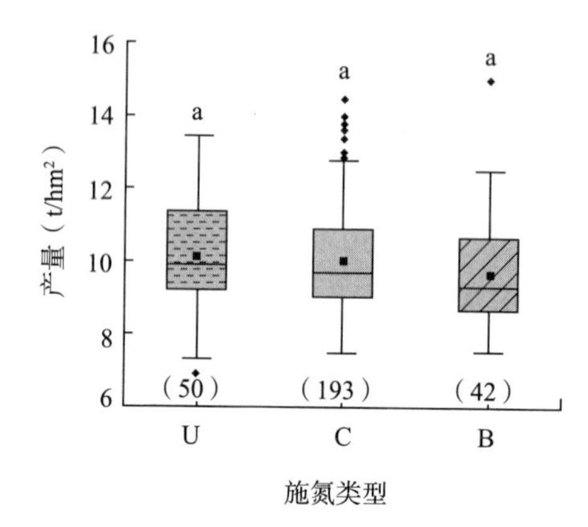

图 5-7　不同施氮类型对夏玉米产量的影响

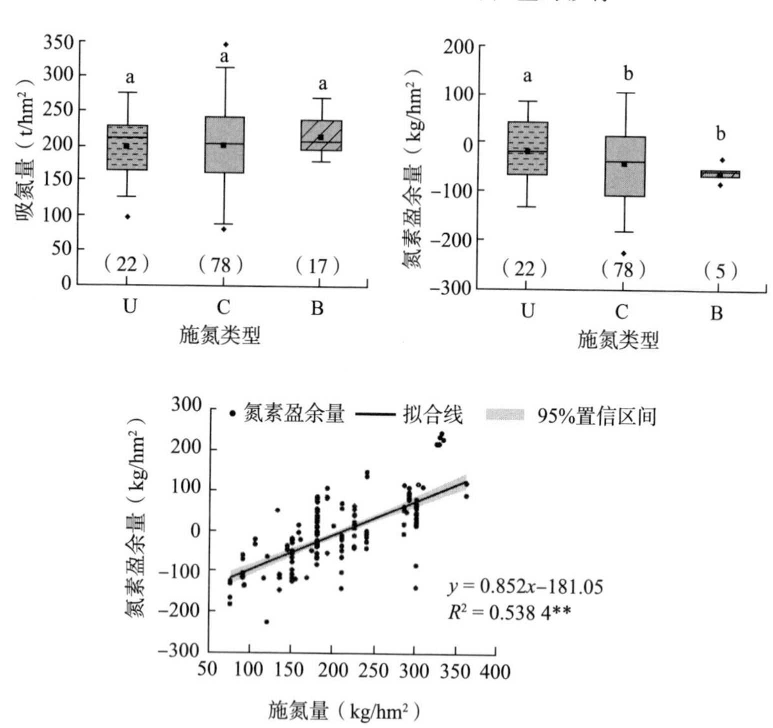

图 5-8　不同施氮类型的氮素吸收量以及对氮素盈余的影响

从氮肥回收利用效率来看，三种施氮类型之间差异不显著（图 5-9）。氮肥偏生产力掺混肥处理最高，达到 70.4 kg/kg，较控释肥和尿素处理分别高出 17.9%和 19.0%。在农学利用率方面，掺混肥处理分别比控释肥和尿素处理高 49.1%和 85.5%。在氮肥生理利用率方面，三个处理之间差异不显著。

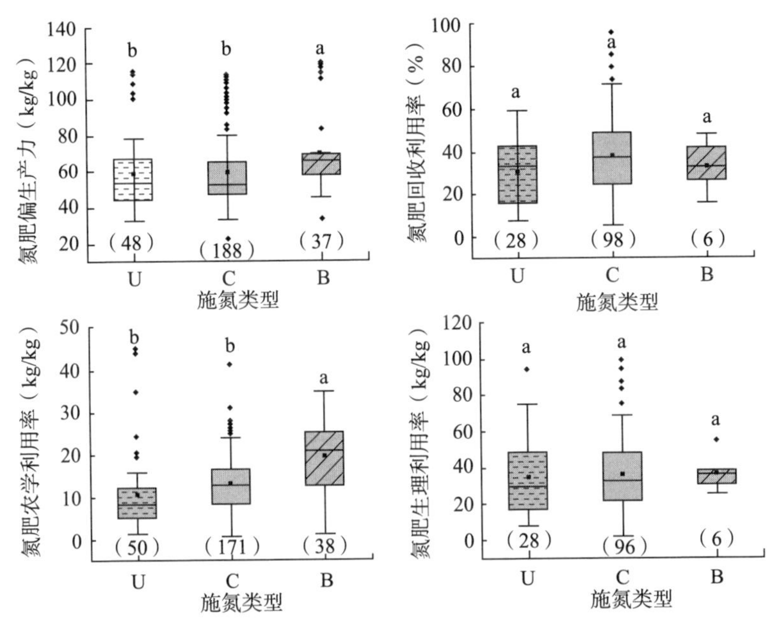

图 5-9　不同施氮类型对夏玉米氮肥效率的影响

5.6　讨论和小结

5.6.1　讨论

氮肥对提高夏玉米的产量起着重要作用，然而氮肥的施用并非越多越好。朱兆良等（2000）研究表明，在麦玉轮作系统中每季作物施氮量控制在 120～180 kg/hm^{2}时，小麦和玉米都能达到较高的产量，本研究中优化施氮量基本在这一范围内（表 5-1）。研究表明，在合适的施氮量范围内，随着施氮量的增加，产量和氮肥利用效率不断增加。超过阈值继续增施氮肥，不仅不能增产，甚至会出现减产现象（徐秋明等，2005；卢艳丽等，2007；申丽霞等，2016）。与前人的研究结果一致，本研究发现农户氮肥投入量过高，但并没有带来产量的同步增长。由于农户习惯施氮量显著高于优化施肥，致使其氮肥回收利用率、氮肥偏生产力、氮肥农学利用率均显著降低。这与前人发现的过量施氮是导致氮肥利用效率降低的主要因素结果一致（张福锁等，1995；刘学军等，2004；范靖尉等，2016）。

前人报道指出，分次施肥通过氮素后移能满足玉米生育后期对氮素的需求，以更少的氮投入来获得较高的产量水平（杨俊刚等，2009）。本研究分次施肥的氮肥投入量低于农民习惯施肥，产量与习惯施肥处理差异不显著，与前人研究一致。黄淮海地区夏玉米可以通过降低氮肥投入总量、增加拔节期氮肥的投入比例，达到减肥增效的目的（Yan et al.，2016）。但多次施肥在一定程度上会增加人工成本投入，在玉米拔节期和吐丝期施肥难度较大，难以适应现代化作物生产的需求。当前，一次性施肥多为控释肥或掺混肥（控释肥配施普通尿素），因控释肥的缓释性，既能满足夏玉米不同生育期氮素需求量，又能减少氮肥的损失（杨俊刚等，2009）。

本研究中不同施肥方式的施氮量差异显著，但在产量方面差异不显著。优化施肥的两种施氮类型中一次性施肥方式使用的肥料多为控释肥，其市场价格比农民习惯施用的普通尿素偏高。分次施肥在人工投入等方面高于一次性施肥，再加上施肥成本总的经济效益占比不高，导致优化施肥与农民习惯施肥处理、一次性施肥与分次施肥处理的经济效益无显著差异。这与徐钰等（2010）研究结果较为相似。随着技术的进步，生产成本将会进一步降低，控释肥性能也将有所提升，经济效应将会得到显著提升。另外，在未来机械化程度进一步提高的背景下，控释肥的应用将极大地降低人工成本投入，使施肥变得更加便捷高效。

前人研究发现普通尿素在施入一周左右氨挥发损失最大，之后损失减弱，控释肥在整个作物生育期的氨挥发强度和挥发量均低于普通尿素（孙克君等，2004；李祯等，2017）。赵斌等（2009）研究发现，控释肥一次施用能够减少夏玉米氨挥发量。缓控施肥处理能够降低 N_2O 的累积排放（徐钰等，2018）。本研究表明优化施氮能降低 N_2O 的累加排放量和氨挥发量。当氮肥释放的时间与作物吸收时间同步时，氮素更好地被作物吸收和利用，进而减少氨挥发和 N_2O 的排放。胡小康等（2011）在黄淮海地区的研究表明，夏玉米生长季土壤排放的 N_2O 总量从大到小依次为尿素（300 kg/hm²）>尿素（250 kg/hm²）>分次施肥（185 kg/hm²）>控释肥（300 kg/hm²），对应的排放总量依次为 3 462.18 g/hm²、2 340.07 g/hm²、1 680.00 g/hm² 及 911.91 g/hm²。

掺混肥、控释肥、尿素三个处理产量差异不显著（图 5-7）。三种施氮类型具有相似的吸氮量，这就使得掺混肥和控释肥的氮素盈余量比尿素显著降低。在氮肥利用效率方面，三种施氮类型的氮肥回收利用率、氮肥生理利用率差异不显著，而易镇邪等（2006）研究结果表明控释肥的氮肥利用效率高于农户习惯施肥。本研究表明掺混肥的氮肥偏生产力、氮肥农学利用效率高于控释肥和尿素处理。石岳峰等（2009）研究发现，在与普通尿素相同施氮量条件下，控释掺混氮肥处理提高了氮肥农学效率、氮肥利用率和氮肥偏生产力。衣文平等（2010）认为30%的控释肥与普通氮肥配合基施，氮素释放符合夏玉米的吸氮规律，其氮素积累量最高，氮肥利用率较高，经济效益显著高于农民习惯施肥，与曹兵等（2020）人的研究结论相同。本研究的结果显示，掺混肥在施氮量低于尿素20.5%的条件下产量没有显著差异，氮素盈余量显著降低。氮肥利用效率、氮肥偏生产力、氮肥农学利用效率和氮肥生理利用效率均处于较高水平，这与前人的结果一致。对不同氮肥类型进行分析发现，脲甲醛、控释尿素、树脂包膜尿素、凝胶尿素与常规尿素相比，均能显著减少氨挥发，其中脲甲醛降低氨挥发的幅度最大（周丽平等，2016）。

5.6.2 小结

相比农民习惯施肥，优化施肥的氮肥投入量降低了37.0%，但在地上部氮素积累量、产量和经济效益上差异不显著。作为优化施肥的两种方式，一次性施肥和分次施肥在氮肥生理利用率、氨挥发和N_2O累积排放量方面差异显著。一次性施肥的氮肥偏生产力高于分次施肥38.2%，氨挥发比分次施肥低62.0%。一次性施肥在氮肥偏生产力、农学利用效率、经济效益方面也略高于分次施肥。在尿素、控释肥、掺混肥三种类型中，三者的产量和吸氮量差异不显著。掺混肥的氮肥投入量分别比尿素和控释肥减少了20.5%、21.0%。掺混肥和控释肥的氮素盈余量显著低于尿素处理。三种肥料类型在氮肥利用效率、氮肥生理利用效率方面差异不显著，其中氮肥回收利用率方面分次施肥较高、氮肥生理利用率方面掺混肥较高。掺混肥在氮肥偏生产力方面分别高于尿素和控释肥19.0%和17.9%，在氮肥农学利用率方面分别高出尿素和控释肥85.5%和49.1%。总的来看，优化施肥综合效益高于农民习惯施肥，一次性施肥优于分次施肥，掺混肥优于控释肥和普通尿素。

参考文献

曹兵，倪小会，陈延华，等，2020. 包膜尿素和普通尿素混施对夏玉米产量、氮肥利用率和土壤硝态氮残留的影响. 农业资源与环境学报，37 (5)：695-701.

陈祥，同延安，亢欢虎，等，2008. 氮肥后移对冬小麦产量、氮肥利用率及氮素吸收的影响. 植物营养与肥料学报 (3)：450-455.

范靖尉，白晋华，任韩，等，2016. 减氮和施生物炭对华北夏玉米-冬小麦田土壤 CO_2 和 N_2O 排放的影响. 中国农业气象，2 (37)：121-130.

丁相鹏，李广浩，张吉旺，等，2020. 控释尿素基施深度对夏玉米产量和氮素利用的影响. 中国农业科学，53 (21)：4342-4354.

胡小康，黄彬香，苏芳，等，2011. 氮肥管理对夏玉米土壤 CH_4 和 N_2O 排放的影响. 中国科学：化学，41 (1)：117-128.

黄绍敏，德俊，湘荣，1999. 小麦-玉米轮作制度下潮土硝态氮的分布及合理施氮肥研究. 土壤与环境 (4)：271-273.

李祯，史海滨，李仙岳，等，2017. 不同水氮运筹模式对田间土壤氨挥发及春玉米籽粒产量的影响. 农业环境科学学报，36 (4)：799-807.

刘学军，巨晓棠，张福锁，2004. 减量施氮对冬小麦-夏玉米种植体系中氮利用与平衡的影响. 应用生态学报 (3)：458-462.

刘兆辉，吴小宾，谭德水，等，2018. 一次性施肥在我国主要粮食作物中的应用与环境效应. 中国农业科学，51 (20)：3827-3839.

卢艳丽，陆卫平，刘小兵，等，2007. 不同基因型糯玉米氮素吸收利用效率的研究. 植物营养与肥料学报，1 (13)：86-92.

吕殿青，同延安，孙本华，等，1998. 氮肥施用对环境污染影响的研究. 植物营养与肥料学报 (1)：8-15.

马丽，张民，陈剑秋，等，2006. 包膜控释氮肥对玉米增产效应的研究. 磷肥与复肥，21 (4)：12-14.

孙克君，毛小云，卢其明，等，2004. 几种控释氮肥减少氨挥发的效果及影响因素研究. 应用生态学报，15（12）：2347-2350.

邵国庆，李增嘉，宁堂原，等，2008. 灌溉和尿素类型对玉米氮素利用及产量和品质的影响. 中国农业科学（11）：3672-3678.

申丽霞，王璞，2016. 不同基因型玉米氮素吸收利用效率研究进展. 玉米科学，1（24）：50-55.

石岳峰，张民，张志华，等，2009. 不同类型氮肥对夏玉米产量、氮肥利用率及土壤氮素表观盈亏的影响. 水土保持学报，23（6）：95-98.

王启现，王璞，杨相勇，等，2003. 不同施氮时期对玉米根系分布及其活性的影响. 中国农业科学，36（12）：1469-1475.

夏来坤，陶洪斌，许学彬，等，2009. 不同施氮时期对夏玉米干物质积累及氮肥利用的影响. 玉米科学，17（5）：138-140.

徐秋明，曹兵，牛长青，等，2005. 包衣尿素在田间的溶出特征和对夏玉米产量及氮肥利用率影响的研究. 土壤通报，36（3）：357-359.

徐 钰，刘兆辉，江丽华，等，2010. 不同氮肥运筹对冬小麦氮肥利用率和土壤硝态氮含量的影响. 水土保持学报，24（4）：90-93，98.

徐钰，刘兆辉，张建军，等，2018. 不同氮肥管理措施对华北地区夏玉米田增产减排的效果分析. 中国土壤与肥料（1）：9-15.

杨俊刚，高强，曹兵，等，2009. 一次性施肥对春玉米产量和环境效应的影响. 中国农学通报，25（19）：123-128.

衣文平，朱国梁，武良，等，2010. 不同量的包膜控释尿素与普通尿素配施在夏玉米上的应用研究. 植物营养与肥料学报，16（6）：1497-1502.

易镇邪，王璞，张红芳，等，2006. 氮肥类型与施用量对夏玉米生长发育及氮肥利用的影响. 华北农学报，21（1）：115-120.

易镇邪，王璞，2007. 包膜复合肥对夏玉米产量、氮肥利用率与土壤速效氮的影响. 植物营养与肥料学报（2）：242-247.

张福锁，王兴仁，王敬国，1995. 提高作物养分资源利用效率的生物学途径. 北京农业大学学报（S2）：104-110.

张福锁，巨晓棠，2003. 中国北方土壤硝态氮的累积及其对环境的影响. 生态环境，12（1）：24-28.

张民，杨越超，宋付朋，等，2005. 包膜控释肥料研究与产业化开发．化肥工业，32（2）：7-13.

张婧，夏光利，李虎，等，2016. 一次性施肥技术对冬小麦/夏玉米轮作系统土壤 N_2O 排放的影响．农业环境科学学报，1（35）：195-204.

周丽平，杨俐苹，白由路，等，2016. 不同氮肥缓释化处理对夏玉米田间氨挥发和氮素利用的影响．植物营养与肥料学报，22（6）：1449-1457.

赵斌，董树亭，王空军，等，2009. 控释肥对夏玉米产量及田间氨挥发和氮素利用率的影响．应用生态学报，20（11）：2678-2684.

朱兆良，2000. 农田中氮肥的损失与对策．土壤与环境，9（1）：1-6.

Cabello M J，Castellanos M T，Tarquis A M，et al.，2011. Determination of the uptake and translocation of nitrogen applied at different growth stages of a melon crop（*Cucumis melo* L.）using 15N isotope. Sci. Hortic.，130（3）：541-550.

Guo J，Wang Y，Blaylock A D，et al.，2017. Late-split nitrogen applications increased maize plant nitrogen recovery but not yield under moderate to high nitrogen rates. Agron. J.，109（6）：2689-2699.

Ju X T，Guang X X，Chen X P，et al.，2009. Reducing environmental risk by improving N management in intensive Chinese agricultural systems. PNAS，106（9）：3041-3046.

Mueller S M，Camberato J J，et al.，2017. Late-Split Nitrogen Applications Increased Maize Plant Nitrogen Recovery but not Yield under Moderate to High Nitrogen Rates. Agron. J.，109（6）：2689-2699.

Yan P，Yue S C，Meng Q F，et al.，2016. An Understanding of the Accumulation of Biomass and Nitrogen is Benefit for Chinese Maize Production. Agron. J.，108（2）：895-904.

第6章 秸秆还田对玉米生产和养分利用的影响

随着我国农业生产方式发生改变，农作物秸秆还田作为重要的土壤培肥方式，已经成为重要的农艺措施。据统计，我国目前秸秆还田的面积已经达到了5 100万hm^2（国家统计局，2018）。作物秸秆含有丰富的可供作物生长的氮、磷、钾及中微量养分元素，秸秆还田后易分解部分快速释放矿质养分供作物吸收利用，而难分解部分则经微生物转化为腐殖质，增加土壤碳汇、改善土壤结构和微生物环境，进而提升土壤肥力（Yin et al.，2018；Bu et al.，2020）。我国是农业大国，农作物秸秆种类丰富，各类秸秆的总量约占世界秸秆产量的四分之一（高利伟等，2009）。由于秸秆含有大量的养分资源，秸秆长期还田不仅能够促进作物增产增收，而且有利于实现化肥减量增效（李廷亮等，2020；杨竣皓等，2020）。

通过大田定位试验等方法，国内外学者对秸秆还田的产量效应进行了广泛研究，获得了大量田间试验数据，涉及的农作物既包括玉米、水稻、小麦等粮食作物，也有油菜、棉花、花生等经济作物（王昆昆等，2019；Mao et al.，2019；赵继浩等，2019；杨竣皓等，2020）。在主要的粮食作物中，秸秆还田的产量效应表现出显著的差异性，长期秸秆还田对玉米的增产作用最大，增产率达到9.2%，对水稻的增产作用次之，增产率为7.6%，而对小麦的增产作用最小，增产率只有5.8%（杨竣皓等，2020）。通过调查我国目前种植的包括水稻、小麦、玉米、大豆、花生、油菜和棉花在内7种主要农作物，秸秆还田具有巨大的化肥替代潜力，在全部的化肥投入中，全量秸秆还田能够替代24.3%的氮肥投入、28.8%的磷肥投入及全部的钾肥投入（Yin et al.，2018）。如果同时考虑化肥养分的利用效率，秸秆替代化肥的潜力将更大。全量秸秆还田能够替代全部的钾肥、有效磷肥和90%的氮肥。此外，秸秆还田还能通过提高土壤的保肥能力，减少氮肥养分损失，从而提高氮肥利用率，促进作物对氮素的吸收（Zhang et al.，2020）。因此，秸秆还田对作物高产稳产和化肥养分高效利用具有显著的促进作用。

玉米在保证我国粮食安全方面起着举足轻重的作用。然而，由于人们缺少对农业绿色生产的正确认识，盲目施用大量化肥尤其是氮肥来追求高产，导致氮肥养分利用率降低（Gotosa et al.，2019）。同时，未被利用的氮通过淋溶、氨挥发、硝化反硝化和径流等途径进入环境，引发环境污染（朱兆良，2008）。当前我国玉米氮肥利用率不到25%，远低于发达国家平均水平（Meng et al.，2016）。秸秆还田已经成为培肥土壤的重要农艺措施之一，探究长期秸秆还田对玉米生产与氮肥养分利用的影响及其作用机制，能为秸秆肥料化利用、化肥合理减施及农业绿色生产提供科学依据。

本文针对黄淮海平原夏玉米-冬小麦轮作一年两熟农田生态系统，重点阐述长期秸秆还田对麦玉轮作系统生产力、氮肥养分利用率、综合土壤肥力及植株生理形态性状等的影响。

6.1 研究方法

6.1.1 研究区概况和试验设计

基于河南省封丘县中国科学院封丘农业生态实验站（35°00′N，114°24′E）秸秆还田长期定位试验，开展研究。实验站所在地区主要气候类型为温带大陆性季风气候，多年平均降雨量为 605 mm，主要集中在 7～9 月，多年平均气温为 13.9℃。土壤类型主要为黄河冲积物发育形成的典型潮土，耕层土壤质地为沙壤土。代表性生态系统类型为冬小麦-夏玉米轮作一年两熟制农田生态系统。

长期定位试验始于 2015 年玉米季，采用完全随机设计，试验涉及秸秆移除与秸秆全量还田两种管理方式，与 6 个化学氮肥梯度进行交互，氮肥梯度依次为 0 kg/hm^2、125 kg/hm^2、150 kg/hm^2、175 kg/hm^2、200 kg/hm^2 和 250 kg/hm^2（尿素）。共计 12 个处理，每处理设 3 次重复，小区面积为 3 m×7 m。每季作物收获后，小麦秸秆被粉碎为 6～7 cm 碎片，而玉米秸秆被粉碎的尺寸为 2～3 cm，通过耕作将所有作物秸秆翻埋还田。

本研究中所有试验小区氮肥基追比和磷、钾肥施用量均保持一致，小麦季氮肥基追比为 6∶4，施磷肥（P_2O_5）150 kg/hm^2（过磷酸钙），施钾肥（K_2O）75 kg/hm^2（硫酸钾）；玉米季氮肥基追比为 4∶6，施磷肥（P_2O_5）75 kg/hm^2（过磷酸钙），不施钾肥。各处理耕作、灌水等其他田间管理措施相同。

6.1.2 样品采集与分析方法

作物成熟后，每个试验小区的作物地上部分人工收获，获得作物实际产量，并在玉米吐丝期和小麦扬花期测定植株叶绿素和叶面积指数。通过划定样方采集植株籽粒和秸秆，放入 60℃烘箱恒温烘干，取部分样品磨碎后采用凯氏定氮法测定植株氮含量。土壤样品采集于每年玉米收获后的 9 月，在每个小区以“S”形多点取样，采样深度为0～20 cm，同时采集环刀（100 cm^3）样品用于测定土壤容重，采集原状土用于分析团聚体组成及稳定性。混合土壤样品磨细过筛后分别测定土壤有机质（SOM）、全氮（TN）、微生物生物量碳（MBC）和微生物生物量氮（MBN）。在作物成熟期，采集 0～90 cm 土样，分析不同处理下的土壤无机氮（TIN）含量。

6.1.3 数据统计与分析

土壤肥力是土壤物理、化学和生物学性质的集中反映，在本研究中，基于由 SOM、TN、TIN、MBC 和 MBN 等养分含量、土壤团聚体分布以及土壤容重构成的肥力系统，采用因子分析方法建立最小数据集和综合肥力指标来量化不同秸秆与施肥管理下的土壤肥力。

本章中氮素利用效率是指氮肥回收利用率，具体计算方法同第 5 章。

当计算多年累积氮肥养分吸收利用率时，施氮区或空白区植株地上部氮累积量均为试验开始后每季作物地上部氮累积量的加和。

6.2　长期秸秆还田对产量和氮肥利用的影响

针对黄淮海平原玉米-小麦轮作一年两熟体系，连续 5 年的试验结果表明，秸秆还田有利于提高玉米-小麦轮作系统的产量（图 6-1），随着试验时间延长，提升效果越发明显。与秸秆不还田处理相比，长期秸秆还田显著增加了玉米籽粒产量，提高幅度为 4.7%～11.2%，但是秸秆还田的增产率与施氮量之间并没有明显的相关性（图 6-2）。尽管小麦也呈现出增产的趋势，但是仅仅在 175 kg/hm^{2}施氮水平下达到差异显著水平（图 6-2）。

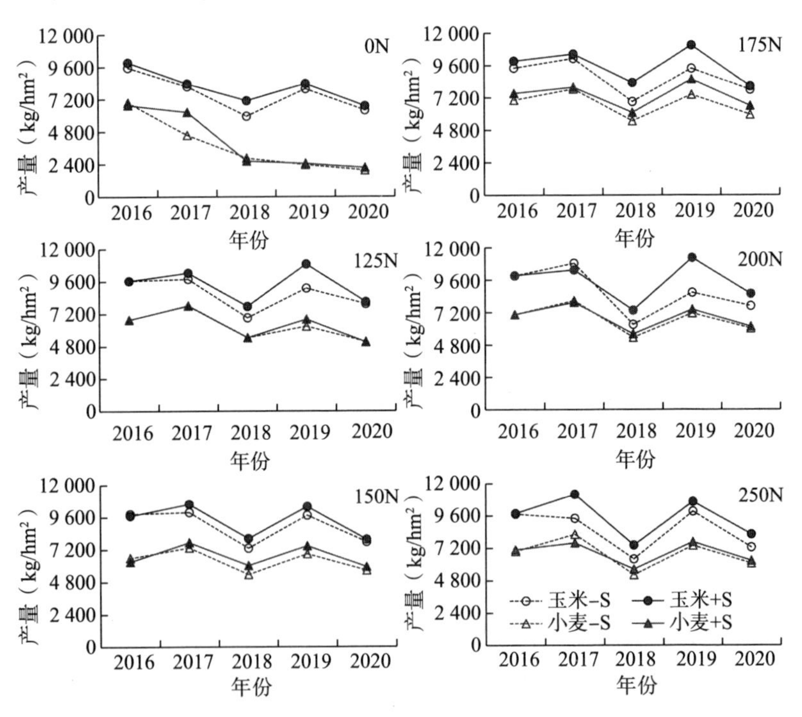

图 6-1　不同施氮水平下秸秆还田对玉米-小麦产量的时间动态影响

注：＋S 为秸秆还田，－S 为秸秆不还田。

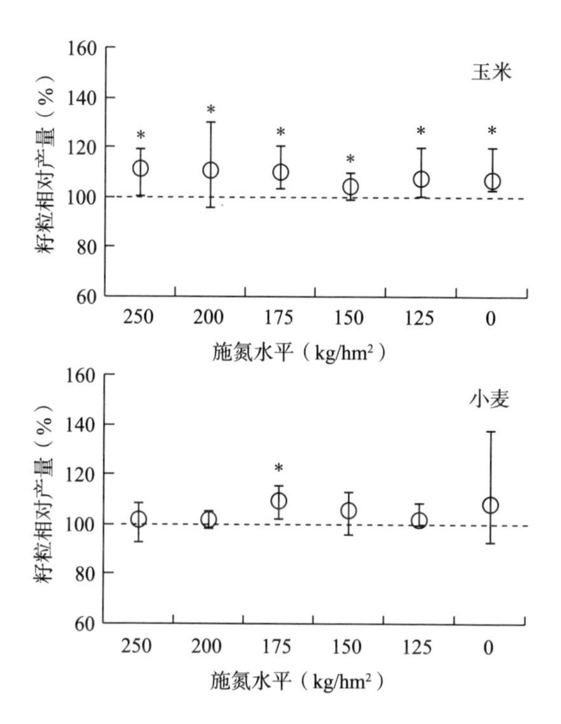

图 6-2 长期秸秆还田对多年玉米-小麦平均产量的影响（秸秆不还田的玉米或小麦多年平均产量作为 100%）

通过计算作物当季和多年累积氮肥养分吸收利用率，发现秸秆还田有利于促进氮肥养分高效利用，其中玉米当季氮肥利用率平均提高了 82.1%，小麦当季氮肥利用率平均提高了 18.1%，多年累积氮肥利用率平均提高了 22.7%（图 6-3）。但是，多年累积氮肥利用率仅在 175 kg/hm^2 施氮水平下差异显著，而玉米当季氮肥利用率在 150 kg/hm^2、175 kg/hm^2 和 250 kg/hm^2 施氮水平下达到差异显著性水平（图 6-3），该结果说明秸秆还田对氮肥养分利用率的影响与施氮水平存在明显的交互作用。

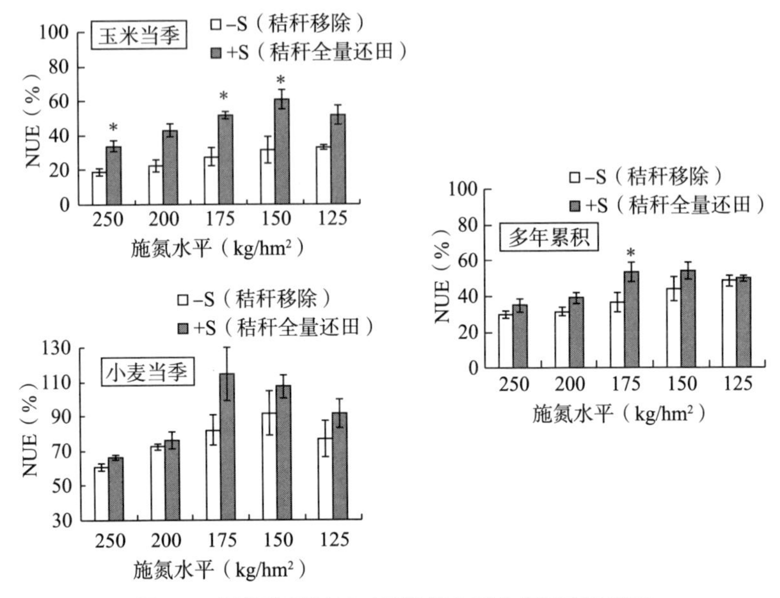

图 6-3　长期秸秆还田对氮肥养分吸收利用率的影响

6.3　长期秸秆还田对土壤综合肥力的影响

除传统大田施氮量（250 kg/hm²）以外，在不同施氮水平下秸秆还田均显著促进了＞0.25 mm 水稳性大团聚体形成（图 6-4a）。大团聚体的形成均是通过减少微团聚体（0.053～0.25 mm）和粉黏粒（＜0.053 mm）比例得以实现。

土壤容重也受到秸秆还田措施的影响，长期秸秆还田有利于降低土壤容重，在 150 kg/hm² 施氮水平下差异显著（图 6-4b）。秸秆作为一种富集碳的有机物料，长期还田能够显著提高土壤有机质水平。通过计算不同施氮处理的平均值，发现秸秆还田下的土壤有机质含量较不还田处理平均提高了 15.2％，同时土壤全氮提高了 21.0％、无机氮提高了 20.3%、微生物生物量碳提高了 49.1%、微生物生物量氮提高了 59.6%（图 6-5）。

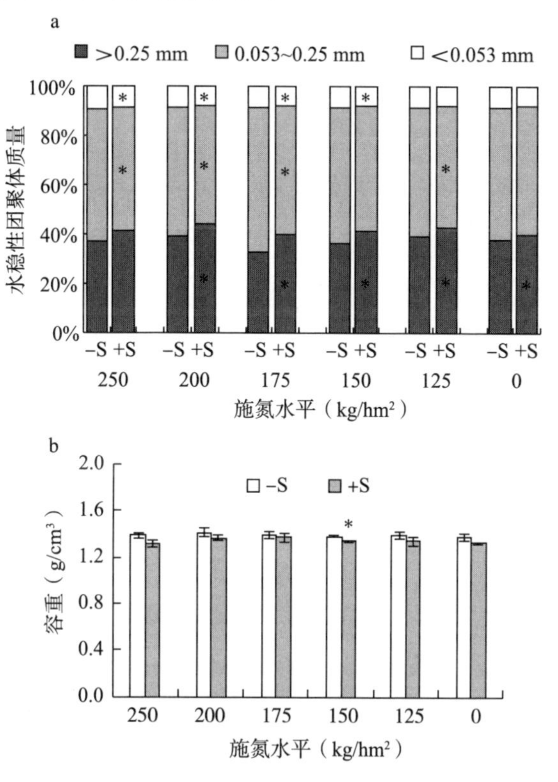

图 6-4 长期秸秆还田对土壤团聚体和容重的影响

土壤肥力是土壤物理、化学和生物学性质的综合体现，通过因子分析对由 SOM、TN、TIN、MBC、MBN、团聚体分布和容重表征的综合土壤肥力进行量化分析，结果表明用两个主成分因子就可以反映综合土壤肥力 67.8%的变异信息（表 6-1）。这两个主成分因子也高度承载了所有分析变量的肥力贡献，其中第一主成分因子对 MBC、MBN、大团聚体、粉黏粒和容重具有≥0.50 的高因子载荷，而 SOM、TN、TIN 和微

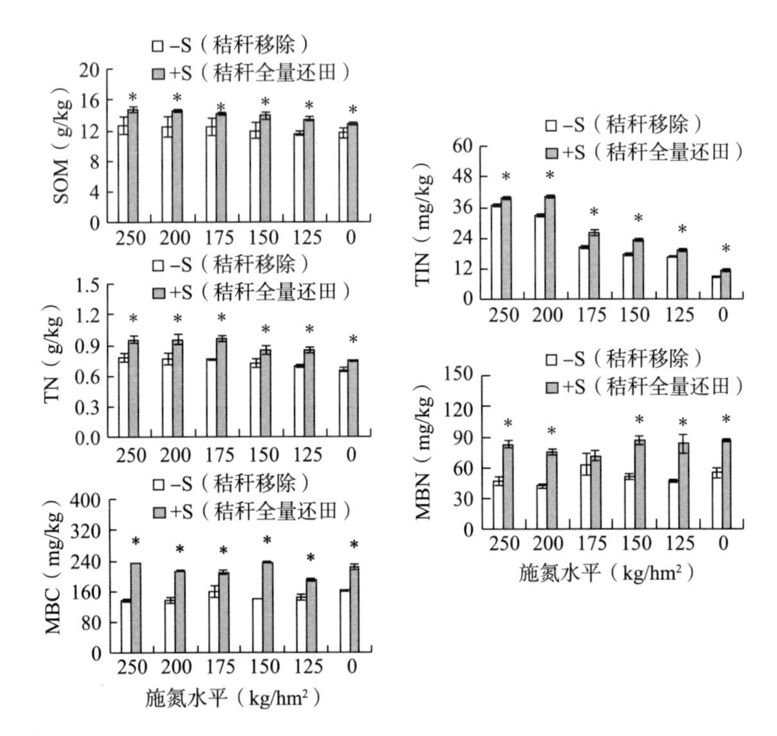

图 6-5 长期秸秆还田对土壤有机质和相关养分物质含量的影响

团聚体在第二主成分因子上具有≥0.50 的高因子载荷。因此，选取的这两个主成分因子可以作为综合土壤肥力指标，评估当前土壤肥力对不同施氮水平和秸秆管理的响应。

表 6-1 不同施氮水平与秸秆管理下综合土壤肥力的主成分分析

土壤肥力指标	肥力因子载荷系数		变量共同度
	主成分 1	主成分 2	
SOM	0.395	0.718	0.670
TN	0.327	0.858	0.843
TIN	−0.255	0.886	0.850
MBC	0.805	0.404	0.811

（续）

土壤肥力指标	肥力因子载荷系数		变量共同度
	主成分 1	主成分 2	
MBN	0.867	0.250	0.814
大团聚体	0.551	0.518	0.572
微团聚体	−0.387	−0.704	0.646
粉黏粒	−0.712	−0.125	0.522
容重	−0.611	−0.009	0.374
特征值	4.583	1.519	6.102
方差解释率（%）	50.92	16.88	67.80
累积方差解释率（%）	50.92	67.80	—

在本研究中，通过计算综合肥力指标得分值来比较不同施氮水平下秸秆还田对土壤综合肥力的影响效应，发现秸秆还田对综合土壤肥力的影响要明显大于施氮水平（表 6-2）。随着施氮量变化，第一主成分得分与第二主成分得分呈现出相反的变化规律，结果导致除不施氮肥处理外，不同施氮水平之间综合土壤肥力得分差异不显著。与此相反，与秸秆不还田处理相比，秸秆还田显著增加了两个主成分因子得分与综合土壤肥力的得分。

表 6-2 不同施氮水平下秸秆还田对土壤综合肥力的影响

试验处理		主成分因子得分				综合土壤肥力得分
		主成分 1		主成分 2		
		−S	+S	−S	+S	
施氮水平 (kg/hm^2)	250	−1.61b	0.46b*	0.47a	1.40a*	−0.14b
	200	−1.33b	0.25b*	0.39a	1.78a*	−0.09ab
	175	−0.51a	0.33b	−0.92b	0.72b*	−0.06ab
	150	−0.66a	1.25a*	−0.90b	0.09c*	0.08ab
	125	−0.55a	1.06a*	−0.75b	0.02c*	0.07ab
	0	−0.17a	1.46a*	−1.31b	−0.99d	0.14a

（续）

试验处理		主成分因子得分				综合土壤肥力得分
		主成分 1		主成分 2		
		−S	+S	−S	+S	
秸秆管理	−S	—		—		−0.49B
	+S	—		—		0.49A
方差分析（ANOVA）						
施氮水平（n）		$P<0.001$		$P<0.001$		$P<0.05$
秸秆管理（s）		$P<0.001$		$P<0.001$		$P<0.001$
n×s		$P<0.05$		$P<0.01$		ns

6.4 长期秸秆还田对植株性状的影响

与秸秆不还田处理相比，秸秆还田能够显著提高玉米吐丝期和小麦扬花期的植株叶面积指数，但对叶绿素影响不明显（图 6-6）。由于叶面积指数是影响作物光合作用的重要因子，

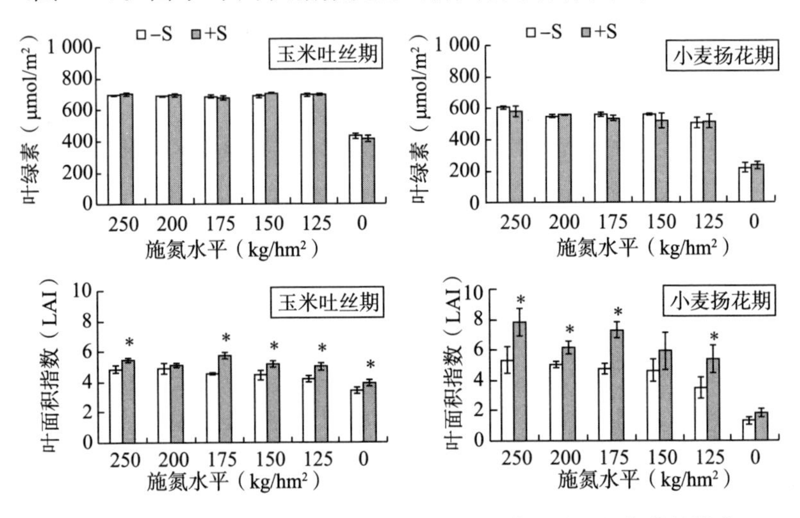

图 6-6 长期秸秆还田对玉米-小麦植株叶绿素和叶面积指数的影响

玉米吐丝期和小麦扬花期属于重要生育时期，秸秆还田对叶面积指数的影响是导致作物产量和氮肥养分利用变化的关键因素。

通径分析结果进一步表明，叶面积指数在对玉米和小麦产量贡献的过程中具有最大的直接通径系数，说明它是影响玉米和小麦生产最重要的变量因子（表 6-3）。同时，综合土壤肥力影响玉米和小麦产量的直接通径和间接通径系数也均达到统计显著性水平。相比之下，综合土壤肥力对氮肥养分吸收利用率的影响要显著大于叶面积指数（表 6-3），该结果说明综合土壤肥力是制约氮肥养分高效利用的最关键变量因子。

表 6-3 综合土壤肥力和叶面积指数对作物产量与氮肥养分吸收利用率的通径分析

变量		F→产量	LAI→产量	F→NUE	LAI→NUE
玉米当季	综合土壤肥力（F）	0.271*	0.223*	0.831*	−0.022
	叶面积指数（LAI）	0.086	0.690*	0.457*	−0.040
小麦当季	综合土壤肥力（F）	−0.272*	0.263*	0.440*	0.018
	叶面积指数（LAI）	−0.077	0.932*	0.242*	0.033

6.5 讨论和小结

6.5.1 讨论

大量研究指出土壤团聚化进程主要取决于土壤动物区系、微生物、作物根系、有机和无机胶结剂及环境和物理作用力（Oades and Waters，1991；Six et al.，2004）。秸秆还田通过向土壤中输入大量的有机物，能够刺激微生物的活性（Derpsch et al.，2014），同时，由于秸秆腐解释放的大量生物副产品与土壤矿物胶结、凝聚形成微团聚体，并在菌丝或根系作用下形成大团聚体，促进土壤有机碳的物理保护作用，提升团聚体的稳定性（Xu et al.，2017；Oades and Waters，1991）。因此，与秸秆不还田处理相比，在不同施氮水平下秸秆还田均有利于提高>0.25mm 水稳性大团聚体的质量比例。

秸秆作为一种富集碳的有机物料，有利于增加土壤中脂肪族碳、芳香族碳、氨基化合物、碳水化合物和酯类化合物的含量，提高了土壤有机质官能团丰度及其稳定性（You et al.，2014），这与本研究试验结果一致。尽管当前研究没有测定不同土壤有机碳分子组分，但是长期秸秆还田显著提高了土壤有机质水平。由于有机质能够作为一种胶结剂或絮凝剂阻控土壤压实并促进撕裂的土壤重塑结构（Hamza and Anderson，2005），长期秸秆还田下有机质水平的提升有利于降低土壤容重。农作物秸秆含有大量氮、磷、钾及中微量元素，盖霞普等（2018）研究发现通过秸秆带入的氮和秸秆对氮肥的固持使得秸秆还田配施氮肥处理较常规施氮处理多9倍的氮素养分，大大增加了土壤氮素淋失风险。但是，Crews 和 Peoples（2005）研究表明秸秆还田初期发生的微生物对土壤氮的暂时固定，可以使氮素免于硝化淋溶风险。在本研究中，秸秆还田显著提高了 0～20 cm 耕层土壤全氮和 0～90 cm土层无机氮的含量。长期秸秆还田下土壤养分物质含量及其有效性的提升还得益于秸秆还田对微生物代谢活性的刺激作用，秸秆还田后土壤碳基质含量的增加驱使微生物代谢增强，分泌参与土壤碳、氮、磷循环相关的水解酶，进而提高土壤中的养分含量，促进作物生产（徐国伟等，2014）。

因此，长期秸秆还田显著提高了土壤微生物生物量碳和氮的含量。

土壤肥力一直被认为是土壤物理、化学和生物学性质的集中反映，为了一致地、准确地评估土壤肥力水平，需要采用系统性方法来测定和解译不同的土壤性质。然而，个体的土壤属性彼此间常常是相互关联的，可能以不同或相反的方式响应同种农业管理措施，如长期秸秆还田对土壤有机质和容重的影响，进而混淆它们的综合肥力效应（Karlen et al.，1997；Raiesi，2017）。因此，综合评估土壤肥力的动态变化具有重要意义。在本研究中，基于由 SOM、TN、TIN、MBC 和 MBN 等养分含量、土壤团聚体分布及土壤容重构成的肥力系统，建立最小数据集和计算综合肥力得分来量化与比较不同秸秆与施氮管理下的土壤肥力（表 6-1）。通过因子分析，从 9 种肥力因子中提取两个公因子变量作为综合土壤肥力指标。试验结果表明这两个公因子变量可以解释当前肥力系统在不同秸秆和施氮管理下 67.8%的变异信息，同时各主成分的单独解释率分别为 50.9%和 16.9%。Brejda 等（2000）与 Wander 和 Bollero（1999）指出仅特征值>1 和方差贡献率>5%的公因子变量可以作为综合指标提取分析。因此，提取的两个公因子变量可以构成最小数据集，作为综合指标评估不同秸秆与施氮管理下的土壤肥力。基于得分函数，综合土壤肥力指标的得分及其综合主成分得分，发现不同施氮量处理之间综合土壤肥力得分差异不显著，而且长期施用化学氮肥，尤其是高施氮量在一定程度上降低了土壤肥力水平（表 6-2）。相反，与施氮量无关，秸秆还田显著提高了综合土壤肥力得分值，说明长期秸秆还田是定向培育土壤肥力的重要举措之一。

植株冠层光合是群体水平光合能力的基础，与叶面积指数、叶片氮含量等叶片生理形态性状密切相关（Bondada and Oosterhuis，2001；An and Shangguan，2008）。在本研究中，与秸秆不还田处理相比，秸秆还田显著提高了玉米吐丝期和小麦扬花期的叶面积指数（图6-6），这可能与长期秸秆还田下土壤理化生物性质改善为作物水肥吸收和生长发育提供更好的土壤环境有关。试验结果与Bahrani等（2007）和郑金玉等（2014）的报道相一致。此外，Peltonen-Sainio等（1997）研究发现秸秆还田配施适量的化学氮肥能够显著改善植株冠层结构，进而提高农作物产量。植株冠层光合能力的提高与作物产量成正比（Mao et al.，2014），通径分析表明叶面积指数对玉米和小麦产量具有最大的贡献（表6-3），说明在长期秸秆还田下该植株形态性状是影响冠层光合能力的关键因子，进而制约玉米和小麦产量的形成过程。综合土壤肥力通过叶面积指数间接对玉米和小麦产量的显著性影响结果（表6-3），进一步证实了秸秆还田改善作物水肥吸收和生长发育环境、提高叶面积指数的假设。

在长期秸秆还田处理下，土壤物理结构的改良（如团聚体形成和土壤容重下降）有利于促进作物根系生长和分布（Alletto et al.，2015），同时，土壤有机质、养分物质含量及其有效性的提升为作物养分吸收创造了良好环境（劳秀荣等，2003），因此秸秆还田主要是通过提高综合土壤肥力来促进化肥养分的高效利用，最终实现作物高产和稳产。在本研究中，秸秆还田对玉米产量及当季氮肥养分吸收利用率的提升效应均显著高于小麦，这可能与两种作物秸秆属性（如秸秆还田量、秸秆质量及秸秆养分含量等）和作物不同生长特性有关。同时，该结果也说明在玉米季利用秸秆替代部分化肥对维持玉米生产与养分高效利用有着更大的潜力。

6.5.2 小结

（1）在黄淮海平原潮土区夏玉米-冬小麦轮作一年两熟农田生态系统中，长期实施秸秆还田有利于提高玉米-小麦轮作系统的生产力和氮肥养分吸收利用效率。其中，玉米平均增产8.6%，小麦平均增产4.7%，玉米当季氮肥利用率提高82.1%，小麦当季氮肥利用率提高18.1%，多年累积氮肥利用率提高22.7%。

（2）秸秆作为一种富含碳和各种养分的有机物料，长期还田不仅可以提升农田土壤肥力水平，而且有利于改善植株生理形态性状，如提高植株叶面积指数等。与综合土壤肥力相比，植株叶面积指数是影响玉米和小麦生产最重要的变量因子，而综合土壤肥力是制约氮肥养分高效利用的最关键变量。

参考文献

盖霞普，刘宏斌，翟丽梅，等，2018. 长期增施有机肥/秸秆还田对土壤氮素淋失风险的影响. 中国农业科学，51（12）：2336-2347.

高利伟，马林，张卫峰，等，2009. 中国作物秸秆养分资源数量估算及其利用状况. 农业工程学报，25（7）：173-179.

国家统计局，2018. 中国统计年鉴. 北京：中国统计出版社.

劳秀荣，孙伟红，王真，等，2003. 秸秆还田与化肥配合施用对土壤肥力的影响. 土壤学报，40（4）：618-623.

李廷亮，王宇峰，王嘉豪，等，2020. 我国主要粮食作物秸秆还田养分资源量及其对小麦化肥减施的启示. 中国农业科学，53（23）：4835-4854.

王昆昆，刘秋霞，朱芸，等，2019. 稻草覆盖还田对直播冬油菜生长及养分积累的影响. 植物营养与肥料学报，25（6）：1047-1055.

徐国伟，李帅，赵永芳，等，2014. 秸秆还田与施氮对水稻根系分泌物及氮素利用的影响研究．草业学报，23（2）：140-146.

杨竣皓，骆永丽，陈金，等，2020. 秸秆还田对我国主要粮食作物产量效应的整合（meta）分析．中国农业科学，53（21）：4415-4429.

赵继浩，李颖，钱必长，等，2019. 秸秆还田与耕作方式对麦后复种花生田土壤性质和产量的影响．水土保持学报，33（5）：272-280，287.

郑金玉，刘武仁，罗洋，等，2014. 秸秆还田对玉米生长发育及产量的影响. 吉林农业科学，39（2）：42-46.

朱兆良，2008. 中国土壤氮素研究．土壤学报，45（5）：778-783.

Alletto L，Pot V，Giuliano S，et al.，2015. Temporal variation in soil physical properties improves the water dynamics modeling in a conventionally-tilled soil. Geoderma，243：18-28.

An H，Shangguan Z P，2008. Specific leaf area，leaf nitrogen content，and photosynthetic acclimation of Trifolium repens L. seedlings grown at different irradiances and nitrogen concentrations. Photosynthetica，46（1）：143-147.

Bahrani M J，Raufat M H，Ghadiri H，2007. Influence of wheat residue management on irrigated corn grain production in a reduced tillage system. Soil Till. Res.，94（2）：305-309.

Bondada B R，Oosterhuis D M，2001. Canopy photosynthesis，specific leaf weight，and yield components of cotton under varying nitrogen supply. J. Plant Nutr.，24（3）：469-477.

Brejda J J，Moorman T B，Karlen D L，et al.，2000. Identification of regional soil quality factors and indicators：I. Central and Southern High Plains. Soil Sci. Soc. Am. J.，64（6）：2115-2124.

Bu R Y，Ren T，Lei M J，et al.，2020. Tillage and straw-returning practices effect on soil dissolved organic matter，aggregate fraction and bacteria community under rice-rice-rapeseed rotation system. Agr. Ecosyst. Environ.，287：106681.

Crews T E，Peoples M B，2005. Can the synchrony of nitrogen supply and crop demand be improved in legume and fertilizer-based agroecosystems? A review. Nutr. Cycl. Agroecosys, 72 (2): 101-120.

Derpsch R, Franzluebbers A J, Duiker S W, et al., 2014. Why do we need to standardize no-tillage research? Soil Till. Res., 137 (3): 16-22.

Gotosa J, Kodzwa J, Nyamangara J, et al., 2019. Effect of nitrogen fertiliser application on maize yield across agro-ecological regions and soil types in Zimbabwe: a meta-analysis approach. Int. J. Plant Prod., 13 (3): 251-266.

Hamza M A, Anderson W K, 2005. Soil compaction in cropping systems: A review of the nature, causes and possible solutions. Soil Till. Res., 82 (2): 121-145.

Karlen D L, Mausbach M J, Doran J W, et al., 1997. Soil quality: a concept, definition, and framework for evaluation. Soil Sci. Soc. Am. J., 61 (1): 4-10.

Mao L L, Guo W J, Yuan Y C, et al., 2019. Cotton stubble effects on yield and nutrient assimilation in coastal saline soil. Field Crop. Res., 239: 71-81.

Mao L L, Zhang L Z, Zhao X H, et al., 2014. Crop growth, light utilization and yield of relay intercropped cotton as affected by plant density and a plant growth regulator. Field Crop Res., 155: 67-76.

Meng Q F, Yue S C, Hou P, et al., 2016. Improving yield and nitrogen use efficiency simultaneously for maize and wheat in China: a review. Pedosphere, 26 (2): 137-147.

Oades J M, Waters A G, 1991. Aggregate hierarchy in soils. Soil Res., 29 (6): 815-828.

Peltonen-Sainio P, Forsman K, Poutala T, 1997. Crop management effects on pre-and post-anthesis changes in leaf area index and leaf area duration and their contribution to grain yield and yield components in spring cereals. J. Agron. Crop Sci., 179 (1): 47-61.

Raiesi F, 2017. A minimum data set and soil quality index to quantify the effect of land use conversion on soil quality and degradation in native rangelands of upland arid and semiarid regions. Ecol. Indic., 75: 307-320.

Six J，Bossuyt H，Degryze S，et al.，2004. A history of research on the link between（micro）aggregates，soil biota，and soil organic matter dynamics. Soil Till. Res.，79（1）：7-31.

Wander M M，Bollero G A，1999. Soil quality assessment of tillage impacts in Illinois. Soil Sci. Soc. Am. J.，63（4）：961-971.

Xu H S，Li D Y，Zhu B，et al.，2017. CH_4 and N_2O emissions from double-rice cropping system as affected by Chinese milk vetch and straw incorporation in southern China. Front. Agr. Sci. Eng.，4（1）：59-68.

Yin H J，Zhao W Q，Li T，et al.，2018. Balancing straw returning and chemical fertilizers in China：Role of straw nutrient resources. Renew. Sust. Energ. Rev.，81：2695-2702.

You M Y，Burger M，Li L J，et al.，2014. Changes in soil organic carbon and carbon fractions under different land use and management practices after development from parent material of Mollisols. Soil Sci.，179（4）：205-210.

Zhang M L，Geng Y H，Cao G J，et al.，2020. Effect of magnesium fertilizer combined with straw return on nitrogen use efficiency. Agron. J.，113（1）：345-357.

第7章　氮肥有机替代对玉米生产和养分利用的影响

氮素是植物生长发育所必需的大量营养元素，在农田生态系统中，土壤能够供给作物生长的氮素非常有限（朱兆良，1982），通过施用化学氮肥来补充土壤中的氮素是实现作物高产的有效措施（张福锁等，2008）。然而，生产中长期过量施用氮肥使肥料增产效应降低（裴雪霞等，2020），同时也造成了资源浪费、土壤理化性状恶化、农作物品质降低和环境污染等一系列问题（Ju et al.，2009；蔡祖聪等，2014；Gotosa et al.，2019），严重威胁我国农业生产可持续发展。我国拥有丰富的有机肥资源，其中既含有大量的碳，也含有丰富的矿质养分，不同种类有机肥施用能够提供数量可观的氮素，对土壤氮素养分供应和作物产量增加起到很大促进作用（赵亚南等，2018；Zhang et al.，2021）。然而，单独施用有机肥，由于其速效养分供应能力相对较弱，很难实现高产、稳产，并且大大增加了人力成本；单施化肥，虽然能保证产量，但土壤培肥能力差，不利于土壤健康利用（Wei et al.，2016）。当前，减少化肥用量、提升耕地地力是我国农业可持续发展的迫切需求，通过有机、无机肥料合理配施是实现作物高产、培育农田健康土壤以及提高化肥养分利用效率的重要途径（任科宇等，2019；Yang et al.，2020）。

有机肥具有营养均衡、养分丰富、改善土壤理化性质、促进微生物繁殖和活动、提高土壤综合肥力等特点（Diacono

and Montemurro，2010；宋震震等，2014；宁川川等，2016），增施有机肥是农业生产中提升土壤生产力、减少化肥施用及节约成本的有效措施（Fan et al.，2012；Zhang et al.，2019；Zhang et al.，2021）。近年来，随着人们对土壤和农业环境的关注度日益提高，有机肥替代部分化肥成为作物生产和研究的焦点。大量研究指出，在不同的土壤条件和种植模式下，有机氮替代无机氮的比例不同，作物增产效果将随之发生变化，中国西南地区中性紫色土中有机氮替代50%化肥氮能够确保玉米稳定高产（谢军等，2016），南方水稻土中10%～20%的有机肥替代化肥处理可获得最佳的水稻产量和经济效益（孟琳等，2009），黄土高原西部全膜双垄沟播玉米栽培中37.5%～50.0%有机氮替代化肥的比例最为适宜（谢军红等，2019）。针对长江下游平原河网区麦田的肥料运筹，毛伟等（2020）基于不同肥力等级的土壤开展氮肥有机替代研究，结果发现高、中肥力土壤有机氮替代10%～30%化学氮肥、低肥力土壤有机氮替代20%～30%化学氮肥对维持小麦产量和提升耕地土壤地力效果最为显著。

提高肥料利用率是实现化肥减量增效的重要途径之一。增加作物产量和养分吸收量是提高肥料利用效率的手段（毛伟等，2020）。由于作物类型、土壤属性和气候条件等的不同，有机替代措施对氮肥养分利用率的影响差异显著（闫鸿媛等，2011）。通过研究东北黑土区春玉米对长期有机无机肥配施的响应，高洪军等（2015）发现长期适宜的氮肥有机替代措施能够有效调节作物氮素积累和转运，进而提高氮肥利用效率。周江明（2012）对浙江地区早稻、晚稻及单季稻的研究发现，有机肥替代20%和40%的化肥后，其吸氮量没有发生显著变化，而有机肥替代70%的化肥会降低水稻吸氮量。受农田生态系统组成要素的影响，尽管有机无机肥配施从表观上没有提高氮肥利用率，但配施的有机肥是缓效性肥料，存留于土壤中，对后季作物生长也有较大贡献，间接提高了氮肥利用率（黄绍敏等，2006）。因此，根据区域特定的种植模式、土壤条件和气候特点，按照合理的比例开展氮肥有机替代实践有利于协同增加农作物产量和提升资源利用效率。

黄淮海是我国重要的粮食主产区，对保障国家粮食安全至关重要（Kong et al.，2014）。当前围绕化学氮肥有机替代的相关研究主要是针对单季作物，根据黄淮海地区冬小麦-夏玉米生产体系的特点，探究替代技术对该轮作系统的生产力和养分利用效率的影响鲜有报道。为此，依托连续5年的氮肥管理大田定位试验，本研究首先评估了黄淮海平原潮土区冬小麦-夏玉米轮作系统的氮肥减施潜力。在此基础上，针对最佳推荐施肥量，开展氮肥有机替代对轮作系统的生产力、土壤肥力演变及作物氮肥养分吸收利用的影响研究，以期为“化肥减施”背景下黄淮海地区冬小麦-夏玉米可持续高产高效生产提供理论依据和技术指导。

7.1　研究方法

7.1.1　研究区概况和试验设计

研究在河南省封丘县中国科学院封丘农业生态实验站（35°00′N，114°24′E），基于不同施氮管理长期定位试验开展。实验站所在地区主要气候类型为温带大陆性季风气候，多年平均降水量为605 mm，主要集中在7～9月；多年平均气温为

13.9℃。土壤类型主要为黄河冲积物发育形成的典型潮土，耕层土壤质地为沙壤土。代表性生态系统类型为冬小麦-夏玉米轮作一年两熟制农田生态系统。

长期试验始于2015年玉米季，采用完全随机设计，试验涉及两种处理方式，处理一设置6个化学氮肥梯度依次为0 kg/hm^2、125 kg/hm^2、150 kg/hm^2、175 kg/hm^2、200 kg/hm^{2}和250 kg/hm^{2}作为大田施氮量水平，用以评估黄淮海平原典型潮土区夏玉米-冬小麦轮作系统的氮肥减施潜力；处理二是基于150 kg/hm^{2}施氮水平设置0%和25%氮肥有机替代模式，与秸秆移除和全量还田两种管理方式进行交互，用以评估氮肥有机替代对玉米-小麦生产和养分利用的影响。研究的总体目标是减少氮肥施用量，建立稳产、高效和绿色的作物生产模式。试验共计9个处理，每处理设3次重复，小区面积为3 m×7 m。在处理一中，每季作物收获后，所有秸秆被粉碎并翻埋还田（参考大田秸秆管理方式）；在处理二中，替代的有机肥为精制商品有机肥，全部用作基肥施入土壤。所有试验小区氮肥基追比和磷、钾肥施用量均保持一致，小麦季氮肥基追比为6∶4，施磷肥（P_2O_5）150 kg/hm^2（过磷酸钙），施钾肥（K_2O）75 kg/hm^2（硫酸钾），玉米季氮肥基追比为4∶6，施磷肥（P_2O_5）75 kg/hm^2（过磷酸钙），不施钾肥。

各处理耕作、灌水等其他田间管理措施相同。

7.1.2 样品采集与分析方法

作物成熟后，每个试验小区的作物地上部分采用人工收获，获得作物实际产量。通过划定样方采集植株籽粒和秸秆，并放入60℃烘箱恒温烘干，取部分样品磨碎后采用凯氏定氮法测定植株氮含量。土壤样品采集于每年玉米收获后的 9 月份，在每个小区以“S”形多点取样，采样深度为 0～20 cm，同时，采集环刀（100 cm^3）样品用于测定土壤容重，采集原状土用于分析团聚体组成及稳定性。混合土壤样品磨细过筛后分别测定土壤有机质（SOM）、全氮（TN）、微生物生物量碳（MBC）和微生物生物量氮（MBN）。在作物成熟期，采集 0～90 cm 土样，分析不同处理下的土壤无机氮（TIN）含量。

7.1.3 数据分析

氮素利用效率是指氮肥回收利用率，具体计算方法见第 5 章。

当计算多年累积氮肥养分吸收利用率时，施氮区或空白区植株地上部氮累积量均为试验开始后每季作物地上部氮累积量的加和。

7.2 系统减氮潜力

根据连续 5 年的玉米和小麦籽粒产量，结果发现减氮 20%～50%可以持续维持当前的玉米产量水平，而维持小麦产量的连续减氮潜力仅为 20%～30%，而且减氮超过 30%在试验开展后的第 3 年小麦产量显著下降（图 7-1）。

与农户常规施氮水平（250 kg/hm^2）相比，减量施氮有利于提高氮肥养分吸收利用率，其中玉米当季氮肥利用率提高 26.5%～79.4%，小麦当季氮肥利用率提高 14.7%～72.5%，多年累积氮肥利用率提高 11.3%～54.4%，并且减氮 30%和 40%处理达到差异显著性水平（图 7-2）。

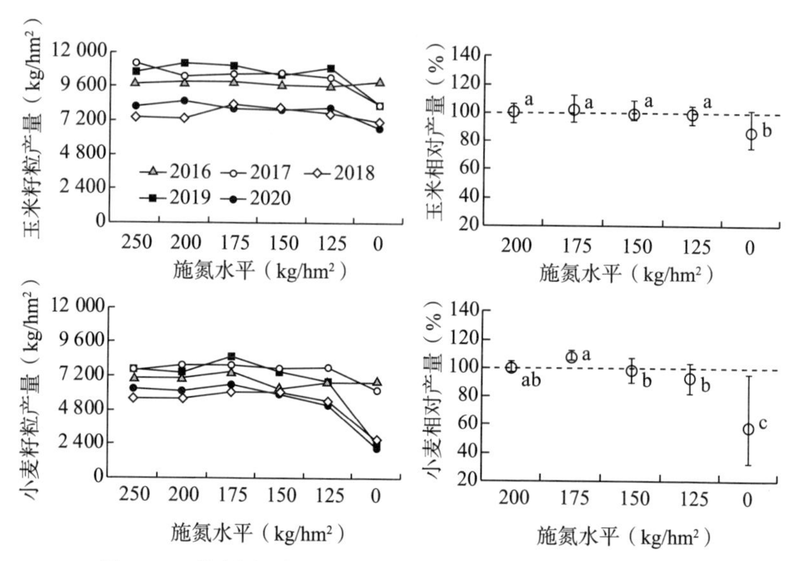

图 7-1 不同施氮水平对玉米-小麦产量的影响（大田施氮量下的玉米或小麦产量作为 100%）

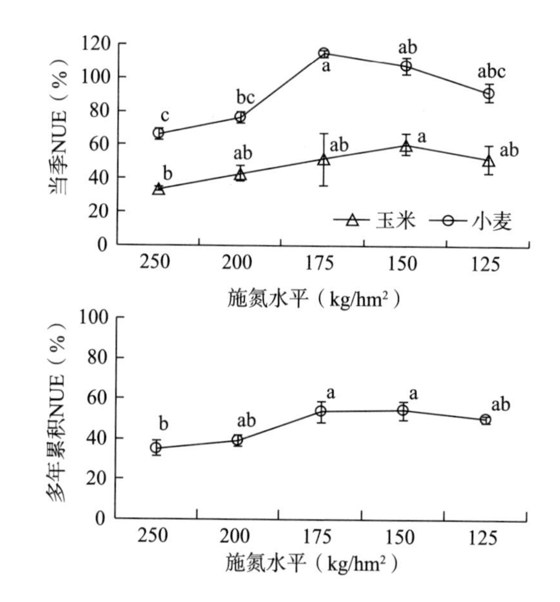

图 7-2 不同施氮水平对氮肥养分吸收利用率的影响

通过分析不同施氮水平对土壤理化和生物特性的长期效应，结果发现除减氮 20%处理下大团聚体增加以外，减施氮肥并没有显著改变土壤容重和团聚结构（图 7-3）。与大田施氮

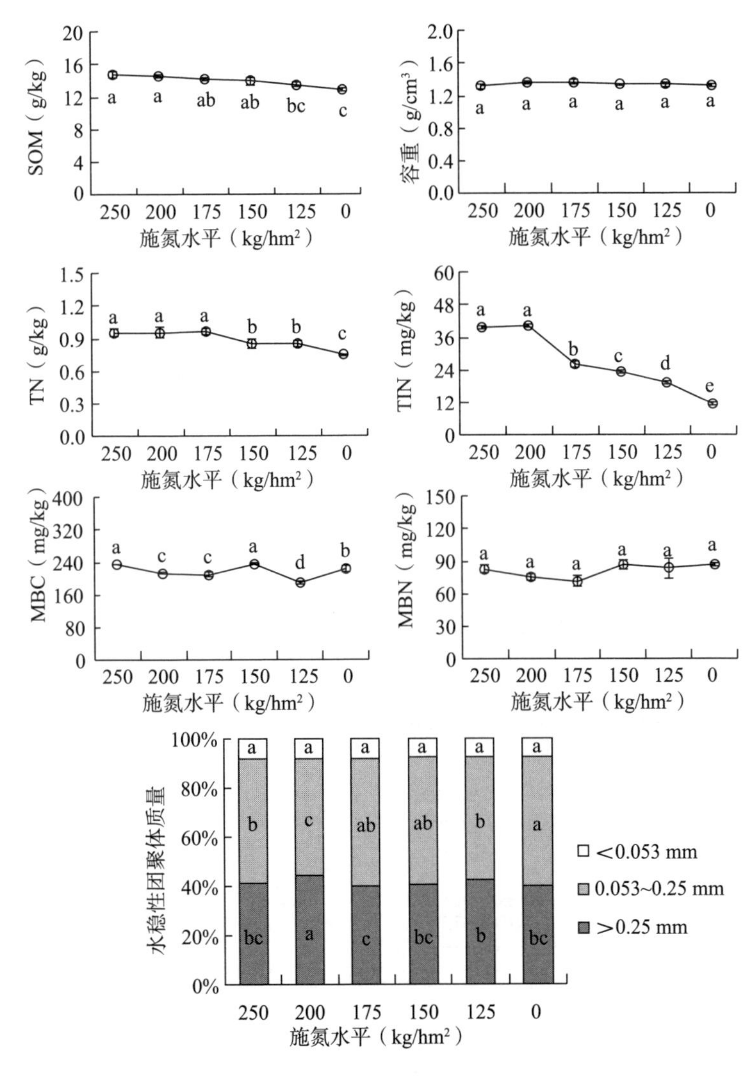

图 7-3 不同施氮水平对土壤理化生物特性的长期效应

水平相比，减氮不超过 40％可以维持当前土壤有机质水平，而减氮 30％以内的不同施氮水平之间土壤全氮含量差异不显著，但是土壤无机氮含量随施氮量减少而显著下降。施氮水平对土壤微生物生物量碳氮含量的影响变化规律不明显。

7.3 有机肥替代部分化学氮肥对产量与氮肥利用的影响

与常规施氮处理相比，25％氮肥有机替代措施对玉米和小麦的籽粒产量没有显著性影响，但是秸秆还田下有机替代处理的玉米产量要略高于常规施氮处理，而秸秆不还田下常规施氮处理的玉米产量要略高于有机替代处理（图 7-4）。相比之下，小麦产量对氮肥有机替代措施的响应呈现出相反的变化规律。

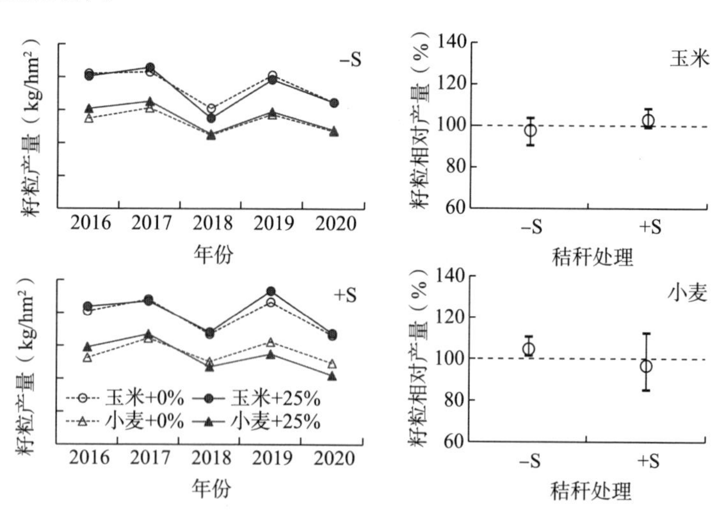

图 7-4　有机肥替代部分化学氮肥对玉米-小麦产量的影响（等量化肥处理下的玉米或小麦平均产量作为 100％）

与秸秆管理方式无关，氮肥有机替代较常规施氮处理总体上降低了氮肥养分吸收利用率（图 7-5），秸秆还田下的下降幅度要明显大于秸秆不还田处理，并且秸秆还田下的氮肥有机替代措施对小麦当季和多年累积化肥养分利用率的影响显著。

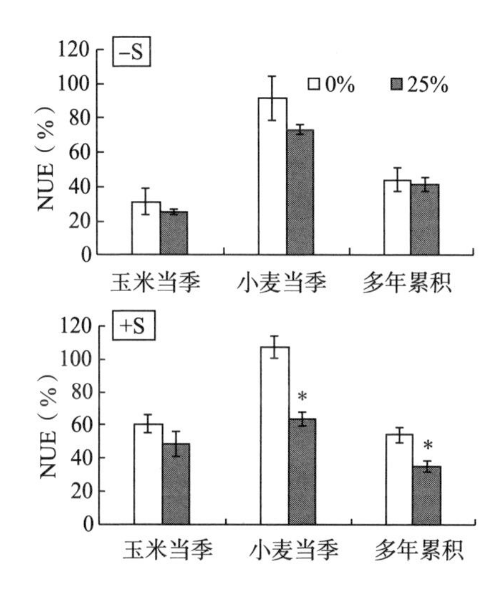

图 7-5 有机肥替代部分化学氮肥对化肥养分利用率的影响

7.4 有机肥替代部分化学氮肥对土壤肥力的影响

如图 7-6 所示，与常规施氮处理相比，尽管连续 5 年采用氮肥有机替代有降低土壤容重的趋势，但是短期内该措施对土壤容重和团聚体分布的影响不显著。氮肥有机替代处理下更高的土壤有机质和全氮含量证实了施用有机肥能够促进氮素养分保蓄的假设（图 7-7）。此外，土壤无机氮和微生物生物量碳氮的含量在不同有机替代处理之间无显著性差异，这说明施用有机肥对土壤氮素养分有效性影响不显著（图 7-7），这可能也是氮肥有机替代与常规施氮处理下作物产量接近的重要原因。

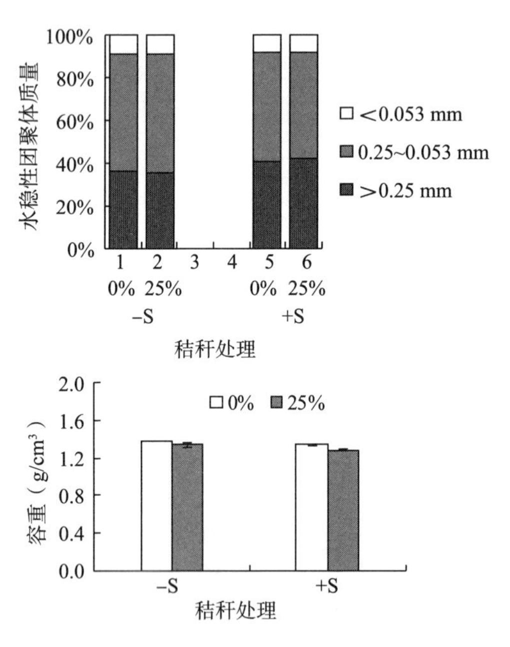

图 7-6　有机肥替代部分化学氮肥对土壤团聚体和容重的长期效应

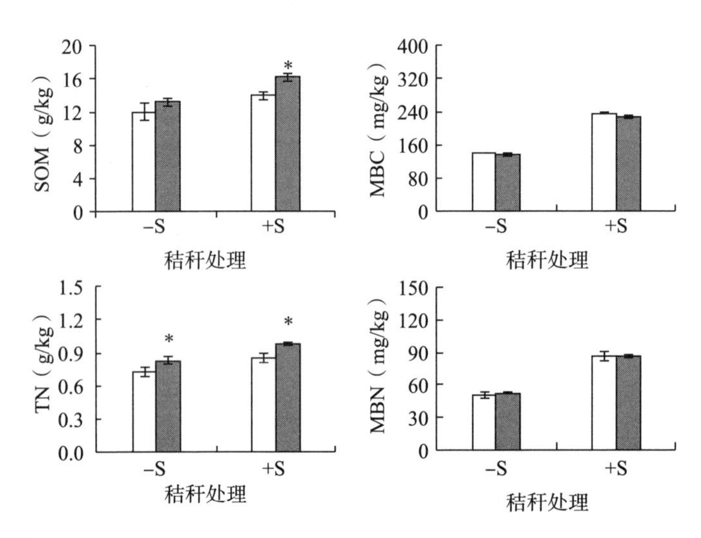

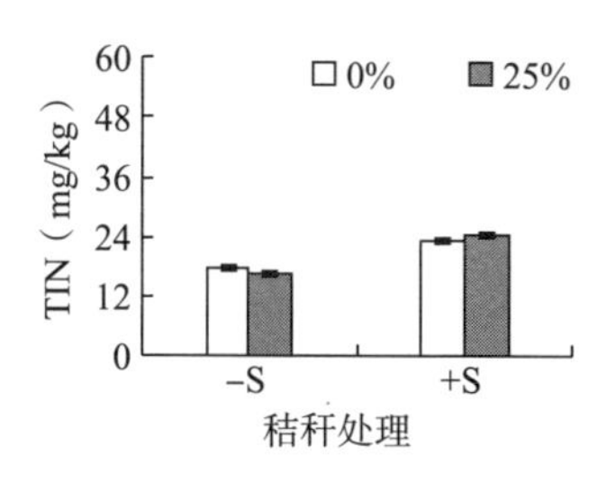

图 7-7 有机肥替代部分化学氮肥对土壤有机质和相关养分含量的长期效应

7.5 讨论和小结

7.5.1 讨论

除了研究区域、作物种植类型、土壤肥力属性等因素影响作物节氮潜力以外，前人研究指出不同方法评估得出的氮肥减施潜力表现出一定的差异性（赵亚南等，2018）。无论是基于肥料效应函数（包启平等，2020）、养分平衡原理（杜君等，2012），还是生产单位籽粒的作物氮素需求量（赵亚南等，2018），这些方法评估结果需要进一步验证长期是否可持续。在当前的研究中，依托大田长期定位试验，从作物可持续生产的角度分析了黄淮海平原夏玉米的最佳推荐施肥量为 150 kg/hm^2，减氮潜力达 40%（基于 250 kg/hm^2 农户大田施氮水平）。同时，冬小麦可持续生产推荐施肥量为 175 kg/hm^2，减氮潜力达 30%。通过分析连续 5 年减量施肥下的玉米和小麦产量、氮肥养分吸收利用率和土壤肥力特性，发现当前的减氮策略不仅能够实现麦玉轮作系统持续高产稳产，而且有利于土壤肥力维持。

氮肥管理对作物产量形成和养分高效利用具有重要影响（唐文雪等，2015；Yang et al.，2020）。奚振邦等（2004）研究指出化学氮肥肥效快、易被作物吸收。相比之下，有机肥肥效缓慢，短期内不能快速满足作物在关键生育时期对养分的需求。采取适宜的有机无机肥配合施用可以通过前期控氮、将部分氮素养分后移来提高植株干物质转化效率，进而增加作物产量（孔丽丽等，2015）。在本研究中，有机肥替代25%化学氮肥施用后，与常规施氮处理相比，玉米和小麦产量均无显著性差异。该结果说明采用氮肥有机替代技术后，有机与无机养分能协调平衡供应，满足作物对养分的需求，因而作物维持当前较高产量水平，同时实现了化肥减量（温延臣等，2018）。

大量研究指出有机无机肥配合施用有利于提高我国粮食作物的氮肥利用效率（刘汝亮等，2015；郑凤霞等，2017；任科宇等，2019）。一方面，有机肥富含大、中、微量元素，是作物养分需求的良好肥源，具有培肥改土的效果，可有效减少化肥施用、促进养分物质的转化（裴雪霞等，2020）。同时，有机肥中的有机碳可提高作物根系生物量及根系分泌物含量，进而提高土壤微生物生物量碳氮及土壤养分含量（任风玲等，2018）。另一方面，有机肥的长期施用能够改善土壤理化性状，例如降低土壤容重和紧实度，提高土壤总孔隙度，使土壤变得疏松多孔，进而有利于氮素养分的运输和吸收（霍琳等，2015）。高洪军等（2015）发现增加作物的氮素积累和转运速率可以有效提高氮肥养分利用效率。本研究连续5年使用有机肥替代部分化学氮肥总体上降低了玉米和小麦当季氮肥养分利用率以及多年累积氮肥养分利用率，并且秸秆还田条件下的氮肥有机替代对氮肥利用率的降低效应更为明显（图7-5），这主要可能是与试验地本底较高的肥力水平有关。当前研究发现除了有机质和全氮显著增加以外，氮肥有机替代对土壤无机氮、微生物生物量碳和氮的含量影响不显著，施用有机肥也仅轻微降低了土壤容重。潘晓丽等（2013）报道指出在肥力较高的土壤中，由于土壤本身的碳氮库已经达到平衡，有机肥的施用可能会引起土壤中争氮效应的发生，施用有机肥处理下土壤全氮含量显著增加证实了微生物对作物吸收外多余氮素养分的固持作用。在本研究中，尽管氮肥有机替代措施从表观上没有提高氮肥养分利用效率，但是更多的碳和氮被固持在土壤中，尤其是在秸秆还田下效果更为明显（图 7-7）。由于有机碳和氮通过矿化可以释放大量养分供给作物生长所需，在维持作物高产的前提下，在黄淮海平原潮土区使用有机肥替代 25%化学氮肥能够间接提高氮肥利用率。

7.5.2 小结

（1）在黄淮海平原潮土区小麦-玉米轮作一年两熟农田生态系统中，夏玉米较冬小麦减氮潜力大。从作物生产、土壤培肥和氮肥养分利用三个角度综合考虑，典型农田玉米种植季减氮 40%（即每季施氮 150 kg/hm^2），小麦种植季减氮 30%（即每季施氮 175 kg/hm^2），不仅可以大幅度提升氮肥养分吸收利用率，而且能够维持玉米-小麦的可持续生产，同时土壤肥力状况不受影响。

（2）尽管有机肥替代部分化学氮肥（替代 25%化肥氮）对当前化肥养分吸收利用没有明显促进作用，但是能够维持可持续生产，同时有利于土壤氮素养分保蓄。长期来看，通过有机替代措施定向培育农田土壤地力也是促进氮肥养分高效利用的重要途径之一。

参考文献

包启平，韩晓日，崔志刚，等，2020. 东北春玉米氮肥推荐施肥模型研究．植物营养与肥料学报，26（4）：705-716.

蔡祖聪，颜晓元，朱兆良，2014. 立足于解决高投入条件下的氮污染问题．植物营养与肥料学报，20（1）：1-6.

杜君，白由路，杨俐苹，等，2012. 养分平衡法在冬小麦测土推荐施肥中的应用研究．中国土壤与肥料，1：7-13.

高洪军，朱平，彭畅，等，2015. 等氮条件下长期有机无机配施对春玉米的氮素吸收利用和土壤无机氮的影响．植物营养与肥料学报，21（2）：318-325.

黄绍敏，宝德俊，皇甫湘荣，等，2006. 长期施用有机和无机肥对潮土氮素平衡与去向的影响．植物营养与肥料学报，12（4）：479-484.

霍琳，王成宝，逄焕成，等，2015. 有机无机肥配施对新垦盐碱荒地土壤理化性状和作物产量的影响．干旱地区农业研究，33（4）：105-111.

孔丽丽，李前，侯云鹏，等，2015. 半干旱区覆膜玉米的氮肥运筹及干物质积累特性．吉林农业科学，40（4）：30-33.

刘汝亮，张爱平，李友宏，等，2015. 长期配施有机肥对宁夏引黄灌区水稻产量和稻田氮素淋失及平衡特征的影响．农业环境科学学报，34（5）：947-954.

毛伟，曾洪玉，李文西，等，2020. 不同土壤肥力下有机氮部分替代化学氮对小麦产量构成及土壤养分的影响．江苏农业学报，36（5）：1189-1196.

孟琳，张小莉，蒋小芳，等，2009. 有机肥料氮替代部分无机氮对水稻产量的影响及替代率研究．植物营养与肥料学报，15（2）：290-296.

宁川川，王建武，蔡昆争，2016. 有机肥对土壤肥力和土壤环境质量的影响研究进展．生态环境学报，25（1）：175-181.

潘晓丽，林治安，袁亮，等，2013. 不同土壤肥力水平下玉米氮素吸收和利用的研究．中国土壤与肥料，1：8-13.

裴雪霞，党建友，张定一，等，2020. 化肥减施下有机替代对小麦产量和养分吸收利用的影响．植物营养与肥料学报，26（10）：1768-1781.

任凤玲，张旭博，孙楠，等，2018. 施用有机肥对中国农田土壤微生物量影响的整合分析．中国农业科学，51（1）：119-128.

任科宇，段英华，徐明岗，等，2019. 施用有机肥对我国作物氮肥利用率影响的整合分析．中国农业科学，52（17）：2983-2996.

宋震震，李絮花，李娟，等，2014. 有机肥和化肥长期施用对土壤活性有机氮组分及酶活性的影响．植物营养与肥料学报，20（3）：525-533.

唐文雪，马忠明，王景才，2015. 施氮量对旱地全膜双垄沟播玉米田土壤硝态氮、产量和氮肥利用率的影响．干旱地区农业研究，33（6）：58-63.

温延臣，张曰东，袁亮，等，2018. 商品有机肥替代化肥对作物产量和土壤肥力的影响．中国农业科学，51（11）：2136-2142.

谢军红，柴强，李玲玲，等，2019. 有机氮替代无机氮对旱作全膜双垄沟播玉米产量和水氮利用效率的影响．应用生态学报，30（4）：124-131.

谢军，赵亚南，陈轩敬，等，2016. 有机肥氮替代化肥氮提高玉米产量和氮素吸收利用效率．中国农业科学，49（20）：3934-3943.

奚振邦，王寓群，杨佩珍，2004. 中国现代农业发展的有机肥问题．中国农业科学，37（12）：1874-1878.

闫鸿媛，段英华，徐明岗，等，2011. 长期施肥下中国典型农田小麦氮肥利用率的时空演变．中国农业科学，44（7）：1399-1407.

张福锁，王激清，张卫峰，等，2008. 中国主要粮食作物肥料利用率现状与提高途径．土壤学报，45（5）：915-924.

赵亚南，徐霞，黄玉芳，等，2018. 河南省小麦、玉米氮肥需求及节氮潜力. 中国农业科学，51（14）：2747-2757.

郑凤霞，董树亭，刘鹏，等，2017. 长期有机无机肥配施对冬小麦籽粒产量及氨挥发损失的影响．植物营养与肥料学报，23（3）：567-577.

周江明，2012. 有机无机肥配施对水稻产量、品质及氮素吸收的影响．植物营养与肥料学报，18（1）：234-240.

朱兆良，1982. 土壤氮素．土壤，14（3）：116-119.

Diacono M，Montemurro F，2010. Long-term effects of organic amendments on soil fertility：A review. Agron Sustain Dev.，30（2）：401-422.

Fan M S，Shen J B，Yuan L X，et al.，2012. Improving crop productivity and resource use efficiency to ensure food security and environmental quality in China. J. Exp. Bot., 63 (1): 13-24.

Gotosa J, Kodzwa J, Nyamangara J, et al., 2019. Effect of nitrogen fertiliser application on maize yield across agro-ecological regions and soil types in Zimbabwe: a meta-analysis approach. Int. J. Plant Prod., 13 (3): 251-266.

Ju X T, Xing G X, Chen X P, et al., 2009. Reducing environmental risk by improving N management in intensive Chinese agricultural systems. P. Natl. Acad. Sci., 106 (9): 3041-3046.

Kong X B, Lal R, Li B G, et al., 2014. Fertilizer intensification and its impacts in China's HHH plains. Adv. Agron., 125: 135-169.

Wei W L, Yan Y, Cao J, et al., 2016. Effects of combined application of organic amendments and fertilizers on crop yield and soil organic matter: An integrated analysis of long-term experiments. Agr. Ecosyst. Environ., 225: 86-92.

Yang Q L, Zheng F X, Jia X C, et al., 2020. The combined application of organic and inorganic fertilizers increases soil organic matter and improves soil microenvironment in wheat-maize field. J. Soil. Sediment, 20 (5): 2395-2404.

Zhang X Y, Fang Q C, Zhang T, et al., 2019. Benefits and trade-offs of replacing synthetic fertilizers by animal manures in crop production in China: a meta-analysis. Glob Chang Biol., 26 (2): 888-900.

Zhang T, Hou Y, Meng T, et al., 2021. Replacing synthetic fertilizer by manure requires adjusted technology and incentives: A farm survey across China. Resources, Conservation & Recycling, 168: 105301.

第8章　磷肥有机替代对玉米生产和养分利用的影响

黄淮海平原是我国重要粮食产区，种植体系为冬小麦-夏玉米一年两熟，这种高复种指数、高利用强度的系统对土壤本身的养分消耗较大。化肥未大量施用前，该区域土壤肥力已退化到中、低水平（全国土壤普查办公室，1998）。磷素是黄淮海平原作物生产的关键限制养分，20 世纪 80 年代初，大部分县的平均土壤有效磷低于 10 mg/kg（曹志洪等，2008）。为了实现更高的作物产量，磷肥施用量在过去 30 年翻了 3 倍（国家统计局，2010）。化学磷肥过度施用在黄淮海很多地区已成为普遍现象（Miao et al.，2011），这导致作物的当季磷肥回收利用率不足 20%（Zhang et al.，2008；MacDonald et al.，2011）。同时，该地区超过 50%的有机废弃物不能循环进入土壤（李书田和金继运，2011），丢弃的有机废弃物既是对资源的浪费，又对环境造成负面影响，如引起水体富营养化等问题（Li et al.，2015）。因此，充分利用有机资源中的磷素，减少化肥磷肥施用量，进一步优化黄淮海平原磷肥利用效率对作物生产至关重要。

国内大量试验证明化学肥料和有机肥配施可以获得较高的产量和养分利用效率（Duan et al.，2011）。Diacono 和 Montemurro（2010）根据 20 多个长期试验，总结发现有机肥施用不会降低作物产量，在大多数情况下化肥配施有机肥的产量更高（Schröder，2005）。因此，Zhao 等（2010）建议，应在等养分输入条件下估算有机肥的贡献。有机肥一直被视为一种很好的磷的活化剂（林葆等，1996），因为有机肥可以促进磷从土壤颗粒上的解吸过程，并进一步活化磷，提高磷的有效性，从而提高作物产量（信秀丽等，2015）。研究人员比较了欧洲三个长期定位试验（英国、德国和波兰）的磷素吸收和平衡结果发现，其中两个试验有机肥处理磷的利用率较高，而另一个试验化肥处理磷利用率更高（Blake et al.，2000）。该研究认为土壤性质、气候和磷肥种类的差异会影响磷素有效性和磷平衡，当环境因子变化时，有机肥的作用也有所不同。中科院南京土壤研究所通过长期试验，发现施用有机肥能显著提高作物磷吸收和磷肥利用率（Xin et al.，2017）。在黄淮海平原，15 年的试验结果表明，长期施用化肥的条件下，磷肥回收利用率仅为 29%（Tang et al.，2008）。

施用有机肥的另一个问题是磷素淋失。许多研究表明，与单施化肥相比，施用有机肥可能会提高土壤中磷淋失的风险（Shepherd and Withers，1999；Liu et al.，2012）。Zhao 等（2010）总结了国内 8 个长期试验结果，发现化肥配施有机肥可能会导致磷素过量施用和面源污染。在中科院河南封丘实验站，基于长期定位试验，研究发现在 20 年等量养分输入前提下有机肥替代化肥未出现磷素淋失。有机肥化肥配施可以提高产量和磷肥利用率，综合考虑地力培育与农业环境可持续性，有机肥替代部分化肥投入将成为今后农业施肥的重要措施。在等养分输入条件下，探讨不同施肥量下有机肥替代化肥对作物生长和磷肥利用的影响还相对较少。本文通过 5 年的田间定位试验，研究不同施磷水平下有机肥替代化肥对玉米和小麦产量、养分利用率和土壤性质的影响，为黄淮海平原作物减肥增效提供技术支撑。

8.1 研究方法

8.1.1 试验地概况

磷肥有机替代试验在中国科学院封丘国家农田生态试验站内（东经 114°24′，北纬 35°00′）开展，作物体系为冬小麦和夏玉米轮作。该区域属于典型温带大陆性季风气候，年均降水量 615 mm，分布不均匀，主要集中于 7～8 月，年水面蒸发量 1 875 mm。土壤以轻质壤质潮土为主，0～34 cm 为沙质壤土，34～90 cm 为黏土，90 cm 以下为沙土（Zhao et al.，2007）。

试验开始于 2015 年 10 月，试验前匀地一年，试验开始前 0～20 cm 土层的平均有机质、全氮、全磷、全钾、碱解氮、有效磷、速效钾含量和 pH 分别为 12.3 g/kg、0.88 g/kg、1.05 g/kg、16.9 g/kg、72.75 mg/kg、9.16 mg/kg、89.7 mg/kg 和 8.67。

8.1.2 试验设计

试验共设置 13 个处理，其中施磷（P_2O_5）水平包括每年 0 kg/hm^2、75 kg/hm^2、150 kg/hm^2、225 kg/hm^2，有机无机磷肥配比分为 0%、10%、25%、50%，每处理 3 次重复，随机区组排列，小区面积为 28m^2。小麦季和玉米季磷肥施用量分别占比 60%和 40%，所有处理每季施氮量（N）200 kg/hm^2，施钾量（K_2O）为每季 150 kg/hm^2。

肥料品种：氮肥为尿素，磷肥为过磷酸钙，钾肥为硫酸钾，有机肥为精制有机肥。施肥前测定有机肥氮、磷、钾含量，有机肥用量以磷的含量为基准计算，并在氮肥和钾肥中扣除有机肥带入养分，保持各处理施入氮、钾养分一致。磷肥、钾肥和有机肥全部以基肥形式撒在土壤表层后翻地，小麦和玉米的氮肥基追比分别为 3∶2 和 2∶3，追肥适用于 3 月上旬和 7 月下旬。

灌溉视降水情况而定，除草剂和杀虫剂施用按当地常规处理。

8.1.3 样品采集与测定

每季收获后将各小区全部籽粒收获测产，小麦收获时每小区随机采集 50 cm×60 cm 植株样方进行生物量和小麦籽粒及秸秆磷含量测定，玉米收获时每小区采集 5 株进行生物量和玉米籽粒和秸秆磷含量测定。植株籽粒和秸秆磷含量采用 H_2SO_4-H_2O_2 消煮后钼锑抗比色法测定。

试验开始前和 2020 年夏玉米季收获后采集土壤混合样品，土样风干后根据分析项目需要磨碎过筛。土壤有效磷用 0.5 mol/L $NaHCO_3$ 浸提，钼锑抗比色法测定。土壤有机质采用丘林法（鲁如坤，2000）。

8.1.4 数据分析

磷肥回收利用率（PUE,%）＝（施磷小区地上部磷素吸收量－不施磷小区地上部磷素吸收量）/施磷量

地上部磷素吸收量为小麦和玉米籽粒和秸秆带出磷量。

试验数据采用 SPSS 16.0 进行统计分析，采用 Sigmaplot 12.0 软件作图。

8.2 化学磷肥减施潜力

本试验五年的玉米和小麦籽粒产量结果表明，由于多年的施肥，潮土前期磷素盈余，连续不施磷肥第 3 年，小麦产量才

会有所下降，而玉米产量则在连续不施磷肥第 4 年后表现出显著下降趋势（图 8-1）。在每年 75 kg/hm^2 施磷（P_2O_5）水平下，玉米产量 5 年都未表现下降，小麦产量在第 3 年开始下降；而施磷量为 150 kg/hm^2 时，小麦和玉米产量与农民常规施磷水平（225 kg/hm^2）的产量差异均不显著。以上结果表明，施磷量为 150 kg/hm^2 能保证和农民常规施肥量下相当的产量，玉米比小麦对低磷的耐受能力更强。

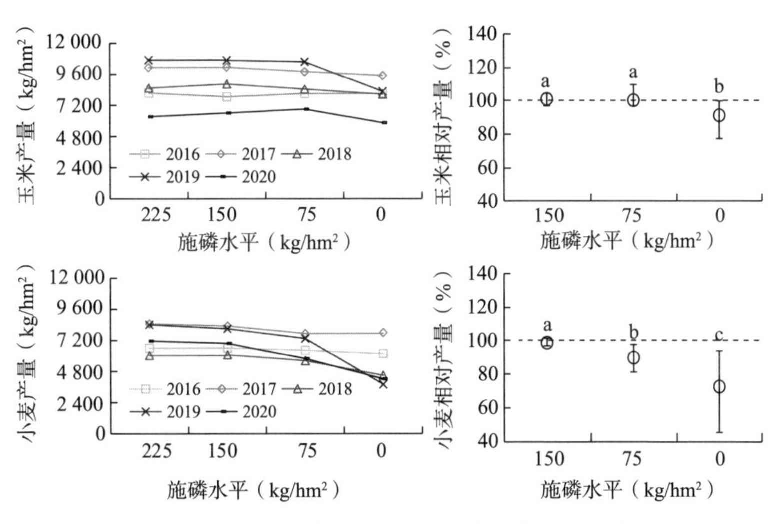

图 8-1 不同施磷水平对玉米和小麦产量的影响

注：以 225 kg/hm^2 施磷（P_2O_5）量的玉米或小麦籽粒产量作为 100%，误差线表示同一处理多年生产中的最高与最低相对产量。

通过 2020 年不同施磷水平下秸秆和籽粒磷含量结果（图 8-2）可以看出，随着施磷量的增加，秸秆和籽粒磷含量都有所增加，施磷量 150 kg/hm^2 和 225 kg/hm^2 情况下小麦和玉米籽粒磷含量未表现显著差异。小麦玉米体系磷肥吸收利用率在 150 kg/hm^2 施磷水平下表现最高，为 35.3%；在常规施磷量下表现最低，为 25.5%；而 75kg/hm^2 施磷量下介于两种之间，但波动较大。

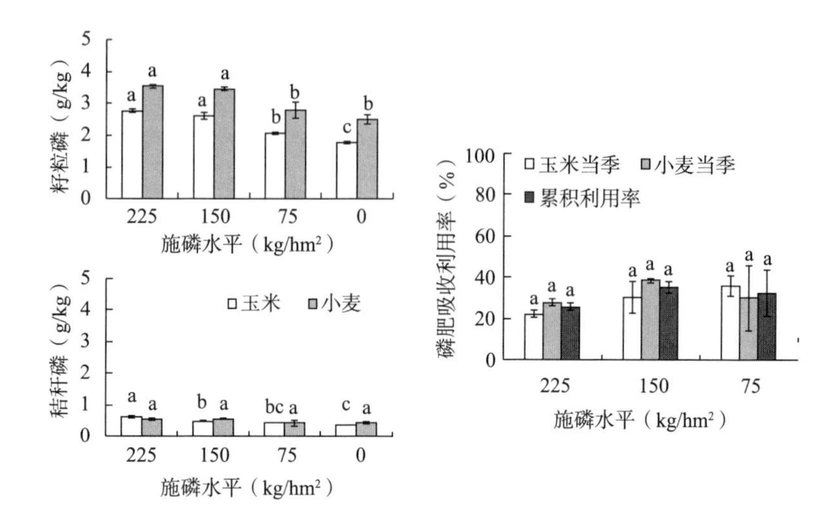

图 8-2　不同施磷水平对秸秆和籽粒磷含量、磷肥累积养分吸收利用率的影响

注：不同字母代表同一作物在不同施磷水平条件下差异显著（$p<0.05$）。

进一步分析不同施磷水平下 0～20 cm 土壤的有机质和有效磷含量（图 8-3），如果没有有机物料投入，连续 5 年施用不同水平化学磷肥，各处理 0～20 cm 土壤的有机质含量未达到差异显著性水平。但是，不同施磷水平显著影响土壤有效磷含量。随着施磷水平的增加，土壤有效磷含量显著增加，土壤的供磷能力显著提高。

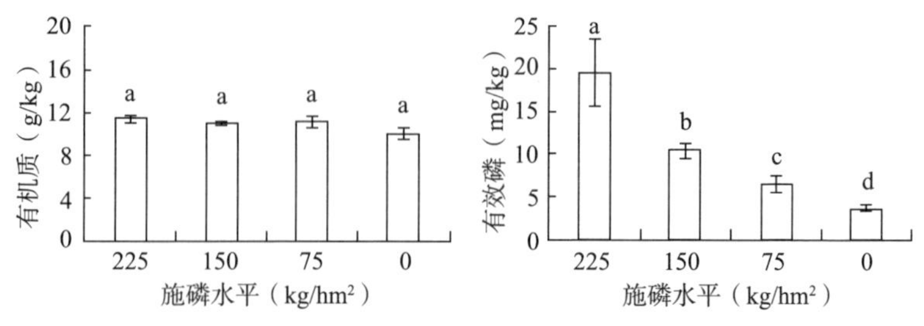

图 8-3　不同施磷水平对 0～20 cm 土壤有机质和有效磷含量的影响

8.3 有机肥替代部分化学磷肥对产量的影响

有机肥替代化学磷肥的试验结果表明，小麦和玉米产量对有机替代的响应不同，不同年份也略有不同（图 8-4）。小麦产量在试验进行第 1 年时产量对有机替代的响应不一致，但是随着试验年限的延长，在有机替代比例达到 50%时小麦产量显著下降（图 8-5）。而不同有机替代比例下，玉米产量未表现出显著差异。在施磷量 75 kg/hm^{2}时，在第 4 年以后有机替代比例越高，产量有下降趋势；在施磷量 225 kg/hm^{2}时，有机替代比例 50%，产量有所增加。

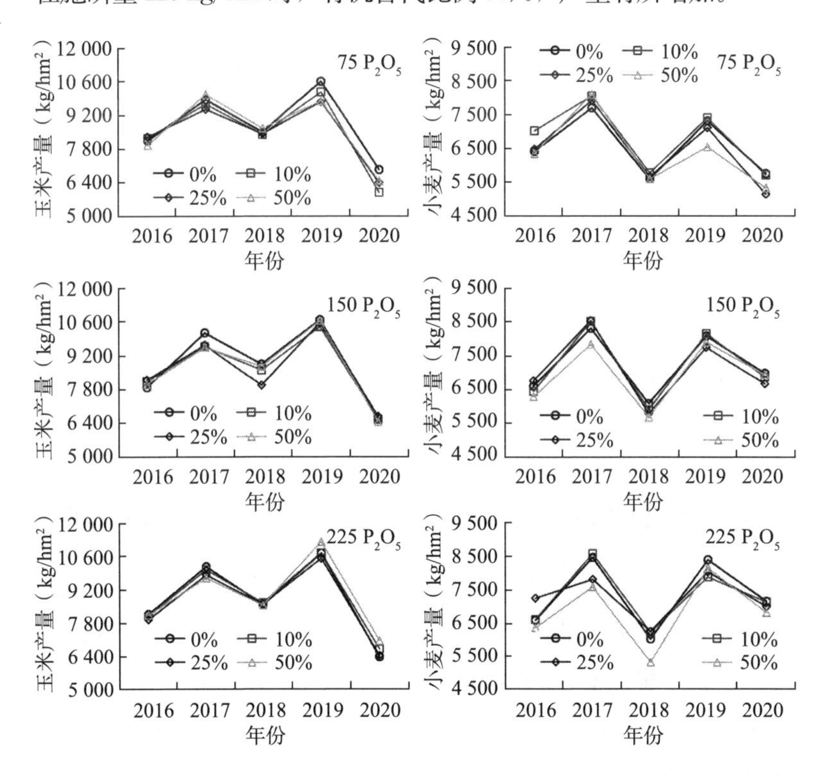

图 8-4 不同施磷水平下有机肥替代化学磷肥对作物产量的影响

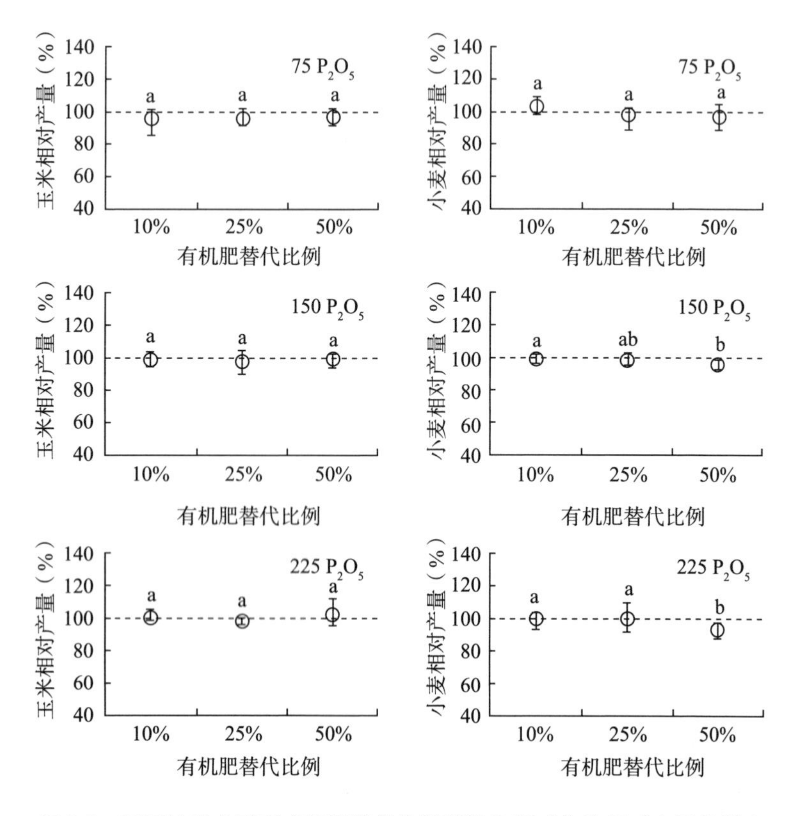

图 8-5　不同施磷水平下有机肥替代化学磷肥比例对作物相对产量的影响

8.4　有机肥替代部分化肥对化学磷肥利用的影响

通过分析测试不同施磷量处理下玉米籽粒和秸秆磷素含量，计算得到各处理磷肥利用率。在相同施磷水平下，不同有机肥替代比例下磷肥利用效率差异不显著（图 8-6）。在 75 kg/hm² 施磷水平，不同的有机替代比例下玉米磷肥利用效率在28.6%～36.1%之间，小麦磷肥利用效率在 12.8%～30.0%之间。有机肥替代化肥后作物磷肥利用效率下降，特别是小麦季，磷肥利用效率下降15%以上。在150 kg/hm^{2}施磷水平，玉米磷肥利用效率在29.1%～30.6%之间，小麦磷肥利用效率在32.8%～38.6%之间，有机肥部分替代化肥作物磷肥利用效率基本持平。在225 kg/hm^{2}施磷水平，玉米磷肥利用效率在21.5%～29.6%之间，小麦磷肥利用效率在27.9%～30.9%之间，有机肥替代化肥后玉米磷肥利用效率有增加趋势。

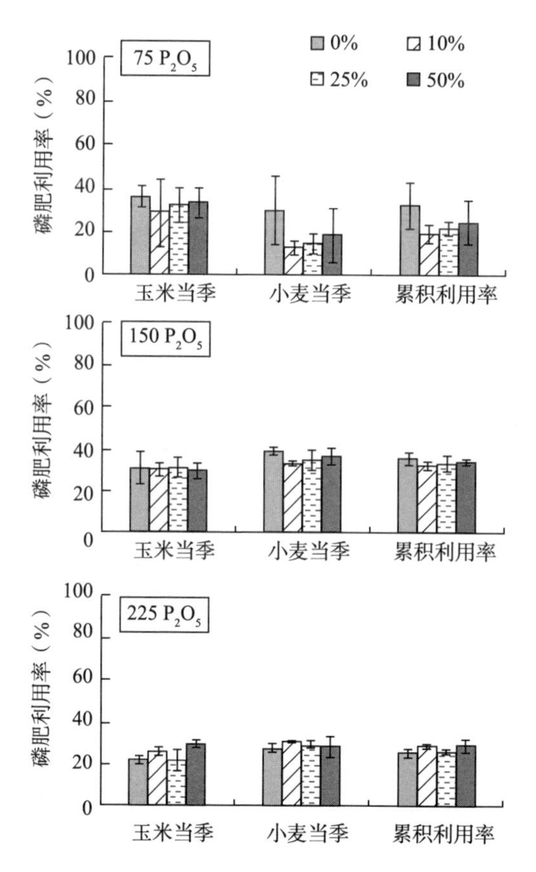

图 8-6 有机肥替代化学磷肥对磷肥养分利用效率的影响

8.5 土壤有机质和有效磷变化特征

通过分析不同施磷水平下有机肥替代化肥比例对剖面土壤的有机质和有效磷含量的影响，发现有机肥替代比例为 10%、25%和 50%时，连续 5 年施用不同水平的化学磷肥和有机肥，各处理 0～20 cm、20～40 cm 和 40～60 cm 土壤的有机质含量均未达到差异显著性水平（图 8-7）。不同施磷水平显著影响土壤有效磷含量，随着施磷水平的增加，土壤有效磷含量显著增加。在 75 kg/hm^2 和 225 kg/hm^2 施磷水平下，有机肥替代化肥后土壤 0～20 cm 有效磷含量有下降趋势。在 150 kg/hm^2 施磷水平下，有机肥替代化肥后土壤 0～20 cm 有效磷含量基本不变。

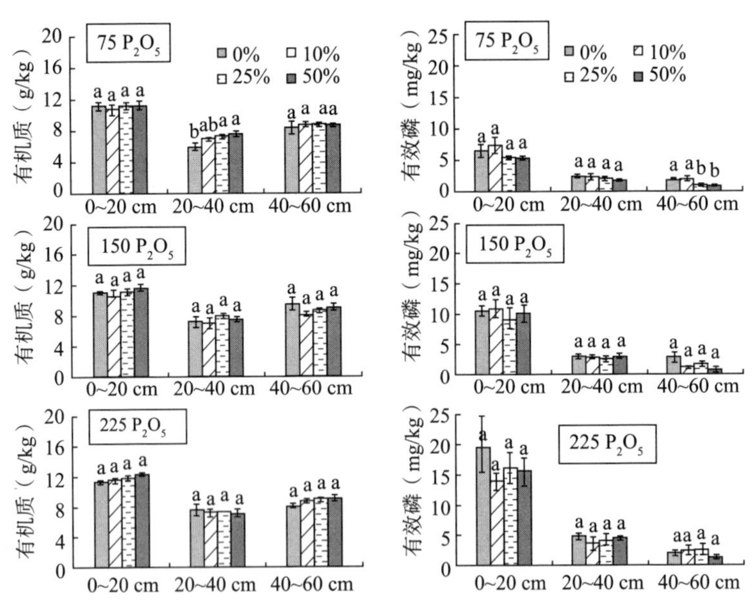

图 8-7　不同施磷水平有机肥替代化肥比例对剖面土壤有机质和有效磷含量的影响

8.6 讨论和小结

8.6.1 讨论

自20世纪80年代以来，黄淮海潮土区施用了大量磷肥，这些磷肥有很大部分储存在土壤中，储存的磷素可以维持2年小麦和3年玉米不减产。本研究发现，相对于常规施磷量，施磷量减至每年150 kg/hm^2，5年小麦-玉米产量没有任何影响。长期定位试验结果也证明在相似的施磷水平下，作物产量能在20年维持较高水平，但在黄淮海平原有机肥料不能完全取代化肥（Xin et al.，2017）。在一些其他区域，很多研究也得出了类似的结果（Blake et al.，2000；Kirchmann et al.，2007；Seufert et al.，2012）。本研究主要目的在于探索在一定的施磷水平下有机肥替代化肥的潜力，结果显示，有机肥替代比例达到50%时小麦产量显著下降，而玉米产量未表现出显著差异（图8-5）。有机肥替代化肥不能同时提高小麦和玉米的产量，这与许多其他研究的结果有所差异。Diacono和Montemurro（2010）总结了20多个长期试验的结果，发现补充施用有机肥不会降低作物产量。国内一些研究也报道在小麦-玉米体系中，有机肥和化肥配施可以提高作物产量（Zhao et al.，2010；Duan et al.，2014；Kong et al.，2014）。造成差异的主要原因可能是以往研究中的有机无机配施处理总养分施用量均高于单独施用化肥处理（Schröder，2005；Zhao et al.，2010）。在黄淮海平原潮土区，本研究发现小麦季有机肥替代化学磷肥比例不超出50%，尽量控制在25%以下，玉米季有机替代的比例可以提高至50%。有机替代磷肥措施应主要集中在玉米季，因为玉米季高温高湿环境有机肥更容易分解，但磷肥施用量较低时不适用于有机替代。

磷肥施用对收获时植株不同器官的磷含量及磷的吸收均有影响。研究表明，有机肥替代提高了土壤有效磷含量，显著提高了磷含量和磷吸收量（Xin et al.，2017），但本试验中未发现明显差异。本研究中，磷肥利用效率反映了作物对磷的回收效率，对养分循环具有重要意义。Tang 等（2008）基于黄淮海地区 15 年长期定位试验，发现磷肥利用效率为 43%，封丘站 20 年试验的磷肥利用效率为 53.7%～61.7%（Xin et al.，2017），远远高于本研究的结果。主要原因可能是本研究周期相对较短，土壤残余磷的影响较大（Xia et al.，2013）。黄绍敏等（2006）通过总结长期试验，发现 14 年磷肥累计利用率可达 38%，且磷肥施用量越多，残留在土壤中越多，磷素利用率越低。

前人已经开展了大量不同施肥方式下土壤磷素演变的研究（李中阳等，2010；黄绍敏等，2011），总体来说，在一定范围内施磷量越大，土壤中的磷素增加也越多。长期施用化学磷肥和有机肥都能明显增加耕层土壤全磷和有效磷的积累，有机无机肥料配施对土壤全磷的增加作用更为显著，且施用有机肥促进土壤磷的活化（谢林花等，2004）。土壤有效磷含量影响作物对磷的吸收，同时它还是磷淋失的一个重要指标。在本研究中，常规施肥处理的最大有效磷含量为 19.4 mg/kg，远低于中国农田磷淋洗的阈值（40 mg/kg），因此在所有处理中均未发现磷淋失（钟晓英等，2004）。黄淮海地区另一个长期定位试验（郑州）在施用化肥和有机肥 15 年后，土壤有效磷含量达到了 58 mg/kg，这是因为在施用化肥时未考虑扣减有机肥带入的磷素（Zhao et al.，2010）。在控制合理的磷肥施用量的前提下，有机磷肥施入并未比施用化学磷肥增加磷的淋失风险。但是，在大量甚至过量的磷素投入下，不管是化肥还是有机肥都可能提高土壤磷素含量，进而提高淋失风险。因此，北美的一些专家建议在生产中要基于磷素总投入来计算合理的施磷量（Hao et al.，2015）。

8.6.2 小结

黄淮海平原潮土区每年施用150 kg/hm^{2}化学磷肥（P_2O_5）可以保证产量、增加养分利用效率，在此地区化学磷肥减量20%～30%是可行的。

黄淮海平原冬小麦-夏玉米轮作系统中，夏玉米较冬小麦减施潜力大。在潮土区，小麦季有机肥替代化学磷肥比例不能超出50%，玉米季有机替代的比例可以提高至50%。适量减少化肥用量并用有机肥部分替代可能带来经济与环境的双重效益。

参考文献

曹志洪，周健民，等，2008. 中国土壤质量. 北京：科学出版社.

黄绍敏，宝德俊，皇甫湘荣，2006. 长期施肥对潮土土壤磷素利用与积累的影响. 中国农业科学，39（1）：102-108

黄绍敏，郭斗斗，张水清，2011. 长期施用有机肥和过磷酸钙对潮土有效磷积累与淋溶的影响. 应用生态学报，22（1）：93-98.

李书田，金继运，2011. 中国不同区域农田养分输入、输出与平衡. 中国农业科学，44（20）：4207-4229.

李中阳，徐明岗，李菊梅，等，2010. 长期施用化肥有机肥下我国典型土壤无机磷的变化特征. 土壤通报，41（6）：1434-1439.

林葆，李家康，林继雄，1996. 长期施肥的作物产量和土壤肥力变化. 北京：中国农业科学技术出版社.

鲁如坤，2000. 土壤农业化学分析方法．北京：中国农业科学技术出版社．

全国土壤普查办公室，1998. 中国土壤．北京：中国农业出版社．

谢林花，吕家珑，张一平，等，2004. 长期施肥对石灰性土壤磷素肥力的影响Ⅰ．有机质、全磷和速效磷．应用生态学报，15（5）：787-789.

信秀丽，钦绳武，张佳宝，等，2015. 长期不同施肥下潮土磷素的演变特征. 植物营养与肥料学报，21（6）：1514-1521.

中国国家统计局，2010. 中国统计年鉴．北京：中国统计出版社．

钟晓英，赵小蓉，鲍华军，等，2004. 我国23个土壤磷素淋失风险评估Ⅰ．淋失临界值．生态学报，24（10）：2275-2280.

Blake L，Mercik S，Koerschens M，et al.，2000. Phosphorus content in soil，uptake by plants and balance in three European long-term field experiments. Nutr. Cycl. Agroecosys，56（3）：263-275.

Diacono M，Montemurro F，2010. Long-term effects of organic amendments on soil fertility. A review. Agron. Sustain. Dev.，30（2）：401-422.

Duan Y H，Xu M G，Wang B R，et al.，2011. Long-term evaluation of manure application on maize yield and nitrogen use efficiency in China. Soil Sci. Soc. Am. J.，75（4）：1562-1573.

Duan Y H，Xu M G，Gao S D，et al.，2014. Nitrogen use efficiency in a wheat-corn cropping system from 15 years of manure and fertilizer applications. Field Crops Res.，157：47-56.

Hao X J，Zhang T Q，Tan C S，et al.，2015. Crop yield and phosphorus uptake as affected by phosphorus-based swine manure application under long-term corn-soybean rotation. Nutr. Cycl. Agroecosys，103（2）：217-228.

Kirchmann H，Bergström L，Kätterer T，et al.，2007. Comparison of long-term organic and conventional crop-livestock systems on a previously nutrient-depleted soil in Sweden. Agron. J.，99（4）：960-972.

Kong X B，Lal R，Li B G，et al.，2014. Fertilizer Intensification and its Impacts in China's HHH Plains. Adv. Agron.，125：135-169.

Li H G，Liu J，Li G H，et al.，2015. Past，present，and future use of phosphorus in Chinese agriculture and its influence on phosphorus losses.

Ambio, 44: S274-S285.

Liu J, Aronsson H, Ulen B, et al., 2012. Potential phosphorus leaching from sandy topsoils with different fertilizer histories before and after application of pig slurry. Soil Use Manage, 28 (4): 457-467.

MacDonald G K, Bennett E M, Potter P A, et al., 2011. Agronomic phosphorus imbalances across the world's croplands. Proc. Natl. Acad. Sci., 108 (7): 3086-3091.

Miao Y X, Stewart B A, Zhang F S, 2011. Long-term experiments for sustainable nutrient management in China. A review. Agron. Sustain. Dev., 31 (2): 397-414.

Schröder J, 2005. Revisiting the agronomic benefits of manure: a correct assessment and exploitation of its fertilizer value spares the environment. Bioresource Technol., 96 (2): 253-261.

Seufert V, Ramankutty N, Foley J A, 2012. Comparing the yields of organic and conventional agriculture. Nature, 485 (7397): 229-232.

Shepherd M A, Withers P J, 1999. Applications of poultry litter and triple superphosphate fertilizer to a sandy soil: effects on soil phosphorus status and profile distribution. Nutr. Cycl. Agroecosys., 54 (3): 233-242.

Tang X, Li J M, Ma Y B, et al., 2008. Phosphorus efficiency in long-term (15 years) wheat-maize cropping systems with various soil and climate conditions. Field Crops Res., 108 (3): 231-237.

Xia H Y, Wang Z G, Zhao J H, et al., 2013. Contribution of interspecific interactions and phosphorus application to sustainable and productive intercropping systems. Field Crops Res., 154: 53-64.

Xin X L, Qin S W, Zhang J B, et al., 2017. Yield, phosphorus use efficiency and balance response to substituting long-term chemical fertilizer use with organic manure in a wheat-maize system. Field Crops Res., 208: 27-33.

Zhang W F, Ma W Q, Ji Y X, et al., 2008. Efficiency, economics, and environmental implications of phosphorus resource use and the fertilizer industry in China. Nutr. Cycl. Agroecosys., 80 (2): 131-144.

Zhao B Q, Li X Y, Li X P, et al., 2010. Long-term fertilizer experiment network in China: crop yields and soil nutrient trends. Agron. J., 102 (1): 216-230.

Zhao B Z, Zhang J B, Flury M, et al., 2007. Groundwater contamination with NO_3-N in a wheat-corn cropping system in the North China Plain. Pedosphere, 17 (6): 721-731.

第9章 化肥减施技术的农学、环境和社会经济效益

作为全球第一大作物，玉米是畜牧饲料等重要来源，随着人口不断增加在，有限耕地下实现玉米单产提高尤为重要（Shiferaw et al.，2011；Tilman et al.，2011；Fan et al.，2012；Liu et al.，2017；FAO，2021）。单产提高依赖大量氮肥等资源投入（Ju et al.，2009；Cassman and Dobermann，2021），然而肥料不合理的利用导致水体和空气污染，温室气体排放增加，对生态系统和人类健康造成重要影响（Song et al.，2018；Yu et al.，2019；Liu et al.，2020）。因此，迫切需要化肥减施增效技术，提高玉米单产和养分资源利用率，实现良好的社会经济效益（Tilman et al.，2002）。在玉米生产中，基于控释肥的种肥同播一次性施肥技术可能是解决问题的关键。

为满足玉米生长发育氮素需求，减少活性氮（Nr）损失，很多研究在生产中建立了氮肥优化管理措施（Cui et al.，2008；Chen et al.，2011）。在土壤-植株测试等玉米氮肥优化技术中，前期施用基肥，在生育中后期（拔节期或吐丝期）追肥，以实现养分供应与作物生长氮素需求匹配。随着现代肥料工艺和技术的发展，施用控释尿素，如树脂包衣尿素等，养分能够在一定程度上根据环境温度和水分缓慢释放，满足作物需求（Chien et al.，2009；Geng et al.，2016；Naz and Sulaiman，2016；Dimpka et al.，2020）。控释肥的应用推动了种肥

同播一次性施肥技术的发展，也在一定程度上解决了玉米生育中后期植株高大、追肥困难等生产问题（Ju et al.，2016）。然而，单独施用控释肥将大幅增加经济成本，也可能会存在作物生长早期养分供应不足的问题（Drury et al.，2012；Azeem et al.，2014；Timilsena et al.，2014）。控释尿素与常规尿素混合施用，既节约了肥料成本，又可以满足作物整个生育期的氮素需求（Guo et al.，2017；Li et al.，2020）。有研究表明，与常规尿素分次施肥相比，一次性施用控释尿素和普通尿素的掺混肥料在田间可获得较高的产量和氮素利用效率（Zheng et al.，2017；Zhou et al.，2017）。在以往研究中，玉米的单产一般处于中高产（8～11 t/hm^2）水平，与模拟产量潜力（>13 t/hm^2）相比偏低，高产玉米的氮素总需求也相对提高（Yan et al.，2016；Liu et al.，2017）。在高产玉米生产中，能否进一步应用种肥同播一次性施肥技术，需要进一步研究。

在生产中，氮肥的过量施用造成了环境污染，大量的活性氮和温室气体排放到环境中（Chen et al.，2014；Sadeghi et al.，2018；Jat et al.，2019）。在保证玉米实现高产的前提下，减少环境风险，提高资源利用效率是实现可持续生产的关键（Foley et al.，2011）。在减少活性氮损失和温室气体排放方面，施用控释尿素优于常规尿素。在相同施氮水平下，玉米施用控释尿素可大大减少硝态氮淋溶、氨挥发和N_2O排放（Zhang et al.，2019）。当前研究大多集中在田间或者某一关键生育时期内单一或几种特定的环境风险污染物上（Li et al.，2019；Zheng et al.，2020）。一次性施肥技术对环境的整体影响，需结合生命周期评价（LCA）方法进行定量，全面评价一次性施肥技术的综合环境效应，这对实现高产玉米可持续生产尤为重要（Cui et al.，2013；Chai et al.，2019）。

经济效益是农民是否采用一次性施肥技术的关键（Zhang et al.，2015）。活性氮损失和温室气体排放对环境和人类健康会产生负面影响，导致经济成本增加（Xia et al.，2016；Hill et al.，2019）。这些负面影响需要综合反映在技术措施的生态系统经济效益中（Zhou et al.，2019）。

黄淮海地区在我国玉米生产中占有重要地位，在该区开展基于控释肥的种肥同播一次性施肥技术的农学、环境和社会经济效益的综合评价，将为其他地区建立类似体系提供借鉴，为实现玉米绿色可持续生产提供技术支撑。

9.1 研究方法

9.1.1 试验站点

在中国农业大学曲周试验站（36.9°N，115.0°E），开展了为期两年的（2017—2018 年）玉米田间试验。该站位于河北省曲周县，冬小麦和夏玉米轮作是主要的种植体系。该地区属于温带大陆性季风气候，夏季炎热湿润，冬季寒冷干燥。年降水量 60%～70%集中在夏季。2017 年和 2018 年月平均气温分别为 25.5℃和 26.1℃，玉米季总降水量分别为 209 mm 和 290 mm。试验地土壤为沙壤土，0～30 cm 土层 pH 为 8.3，有机质含量为 12.6 g/kg，全氮含量为 0.83 g/kg，有效磷含量为 7.2 mg/kg，有效钾含量为 125 mg/kg。

9.1.2 试验设计

田间试验采用裂区设计，4 次重复。以 2007 年的长期氮肥水平试验为基础，5 个不同施氮水平为主区，2 种氮素措施为裂区。主区面积为 200 m^2（10 m× 20 m），裂区面积为 100 m^2（5 m×20 m）。5 个氮水平处理分别是：①不施氮肥；②优化施氮下调 30%；③优化施氮；④优化施氮上调 130%；⑤农户传统施氮。优化施氮处理根据最近 5 年（2012—2016 年）试验得出的最佳施氮量平均值。两种氮肥类型分别是：①常规尿素，采用分次施肥；②控释尿素与常规尿素按 2∶3 的比例混合，全部作为基肥一次施用。农户传统施氮量处理中代表当地玉米生产中农民的普遍做法。各处理氮肥施用详细情况见表 9-1。

表 9-1　各处理氮肥投入

处理	氮肥类型	施氮量（kg/hm^2）	基肥		六叶期	吐丝期
			尿素-氮（kg/hm^2）	控释肥-氮（kg/hm^2）	尿素-氮（kg/hm^2）	尿素-氮（kg/hm^2）
优化下调 30%	尿素	126	31.5	—	56	38.5
	掺混肥	126	75.6	50.4	—	—
优化	尿素	180	45	—	80	55
	掺混肥	180	108	72	—	—
优化上调 30%	尿素	234	58.5	—	104	71.5
	掺混肥	234	140.4	93.6	—	—
传统	尿素	250	100	—	150	—
	掺混肥	250	150	100	—	—

控释尿素是树脂包膜尿素，含氮量 45%，由安徽茂施新型肥料有限公司生产。45 kg/hm^2 P_2O_5 和 90 kg/hm^2 K_2O 在播种前撒施在土壤表层，然后浅旋耕 0～20 cm。根据当地农民

习惯，氮肥追肥处理在灌溉或降雨前开沟施用。

本研究夏玉米品种为郑单 958，播种密度为 9 万株/hm^2，株距为 18.5 cm，行距为 60 cm（Zhang et al.，2020）。玉米生育期内，通过合理的灌水和植保措施，保证玉米正常生长。在生理成熟时（2017 年 9 月 30 日和 2018 年 9 月 26 日），将玉米籽粒收获，收获后全部秸秆还田。在玉米生理成熟后，小区中央 12 m^2 玉米收获，计算玉米产量。通过凯氏定氮法测定植株样品各器官氮浓度。

9.1.3 活性氮损失和氮足迹计算

应用 LCA 法评估活性氮损失和温室气体排放。夏玉米生产中活性氮损失可分为三个部分：①氮肥施用引起的硝酸盐淋失（NO_3^-）、氨挥发（NH_3）和氧化亚氮排放（N_2O）；②氮肥生产和运输过程中活性氮损失；③其他损失。以上方法计算过程参考张务帅（2019）的研究。氮足迹指生产每千克玉米籽粒所产生的活性氮损失。

氮肥施用引起的农田硝酸盐淋失（NO_3^-）、氨挥发（NH_3）和氧化亚氮排放（N_2O）参考以下公式。

硝酸盐淋失：

尿素$=8.02e^{0.007\times 施氮量}$

控释肥$=8.02e^{0.0056\times 施氮量}$

氨挥发：

尿素$=0.058\times$施氮量$+4.38$

控释肥$=0.033\times$施氮量$+4.38$

氧化亚氮排放：

尿素$=0.44e^{0.0061\times 施氮量}$

控释肥$=0.44e^{0.0052\times 施氮量}$

9.1.4 温室气体排放和碳足迹计算

根据全球增温潜势（每公顷二氧化碳当量）评估了玉米生产生命周期内温室气体排放量，主要包括：①氮肥施用后 CO_2、N_2O 和 CH_4 排放量；②氮肥的生产和运输过程中的 CO_2、N_2O 和 CH_4 排放量；③其他。本研究中土壤有机碳储量的变化没有考虑在内，因为它在短期内变化不大（Conant et al.，2010）。温室气体排放具体的计算方法参考 Chen 等（2014）和张务帅（2019）的研究。与氮足迹类似，碳足迹的计算方法是将整个生命周期的温室气体排放量除以玉米籽粒产量。

9.1.5 生态系统社会经济效益评估

不同处理的投入主要是氮肥施用量和氮肥类型的差异，所以本研究主要考虑氮肥差异引发的经济效益变化。采用个体经济效益（PEB）和生态系统经济效益（EEB）两个指标分别评估各氮素处理对生产者和公共的利益。PEB 是氮肥施肥期间的粮食收入与氮肥和人工成本投入之间的差异。EEB 还考虑了生态系统恶化和人类健康损害的经济成本。

基于不同氮肥处理的 PEB 和 EEB 计算方法如下：

基于氮肥处理的经济收益＝（施氮小区产量－不施氮小区产量）×玉米价格

个体经济效益＝基于氮肥处理的经济收益－氮肥肥料成本－施肥劳动成本

生态系统经济效益＝个体经济效益－生态成本－健康成本

其中，基于氮肥的生态成本和健康成本参考 Ying 等（2017）的计算方法。

9.1.6 数据分析

用 SAS9.3 软件进行了方差分析（ANOVA），评价了施氮水平、氮肥类型及其交互作用对各指标的影响。该章养分利用效率为氮素的回收利用率。

9.2 产量和氮肥利用

5 个施肥处理的籽粒产量在 10.2～12.3 t/hm^{2}之间，显著高于不施氮处理（3.7～6.4 t/hm^2）（图 9-1）。在优化上调施氮量和农户传统施氮处理中，虽然氮肥施用量超过优化施氮量，但均未显著提高产量。2017 年相同施氮水平下，传统尿素和掺混肥处理的产量没有显著差异。2018 年，优化施氮下调处理和优化施氮处理掺混肥处理的平均产量分别为 11.4 t/hm^{2}和

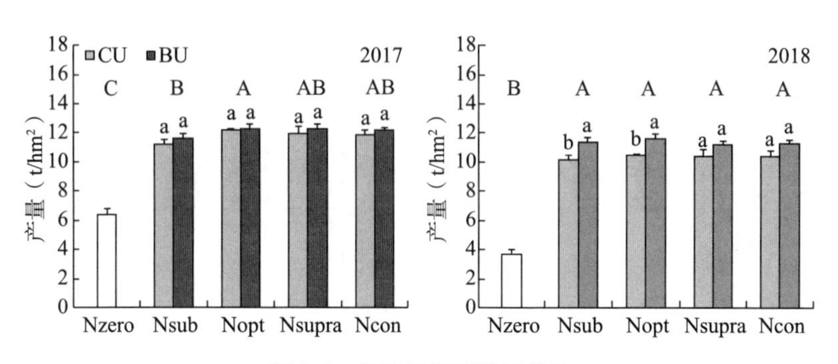

图 9-1 各施氮处理两年产量

注：Nzero 为对照；Nsub 为优化施氮下调 30%；Nopt 为优化施氮；Nsupra 为优化施氮上调 130%；Ncon 为农户传统施氮；CU 为传统尿素，采用分次施肥；BU 为控释尿素与常规尿素按 2∶3 的比例混合，全部作为基肥一次施用；不同小写字母代表同一施氮量条件下 CU 和 BU 差异显著（$P<0.05$），不同大写字母代表不同施氮量条件下各处理之间差异显著（$P<0.05$）。下同。

11.6 t/hm²，分别比传统尿素处理的产量高12%和11%。两年的产量存在显著差异，2018年平均产量比2017年低13%，两年之间掺混肥处理的产量变化比传统尿素小。

本研究中最优施氮量为180 kg/hm²，比农户传统施氮量处理低28%（表9-1）。与优化施氮处理相比，优化上调施氮量和农户传统施氮量处理中过量施用氮肥并没有显著增加玉米对氮素吸收（图9-2）。2017年，在传统尿素和掺混肥两种氮

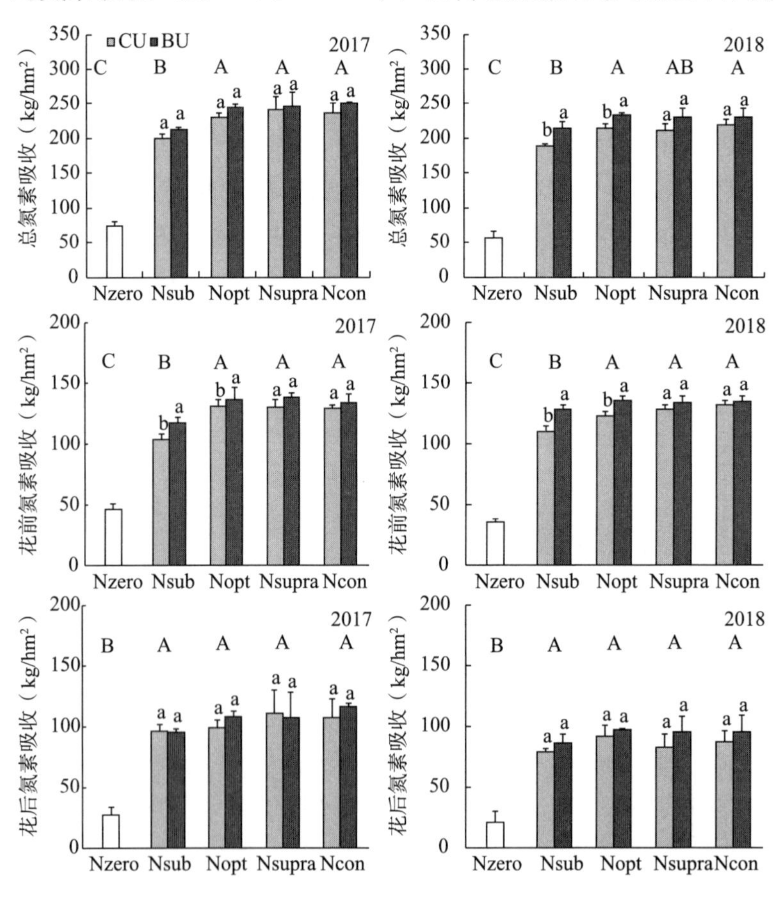

图9-2 各施氮处理氮素吸收量

肥处理中氮素吸收量相似。与传统尿素处理相比，2018 年优化下调施氮处理氮吸收掺混肥增加了 13%，在优化施氮处理下增加了 9%，差异主要发生在花前。这一结果表明，在相同施氮量下，与传统尿素分次施用相比，掺混肥一次性基施提高了玉米生育前期的氮素吸收。

随着施氮量的增加，氮肥利用率逐步下降（图 9-3）。与传统尿素分次施用相比，2017 年掺混肥一次性施肥处理氮肥利用效率表现出升高的趋势，但差异不显著。2018 年，在氮肥优化下调和优化处理中，掺混肥一次性施肥处理氮肥利用效率显著高于传统尿素分次施用。

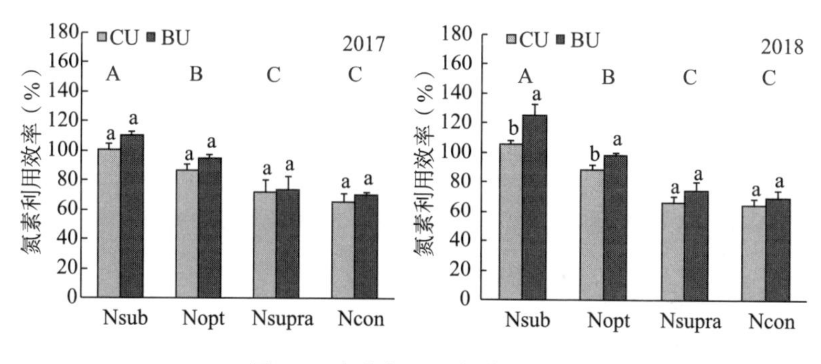

图 9-3 各施氮处理氮素吸收量

9.3 活性氮损失和氮足迹

根据 LCA 方法，发现各处理的活性氮损失在 16～72 kg/hm² 范围内，并随着施氮量的增多而增加（图 9-4）。与传统尿素分次施用相比，掺混肥一次性施肥处理大幅度降低了活性氮损失。掺混肥一次性施肥处理活性氮损失优化下调施氮处理减少了 10%，优化施氮处理减少了 15%，优化上调施氮处理减少了 21%，农户传统施氮量处理减少了 23%。

对于施氮处理的氮素损失来说，硝态氮淋洗为 17～46 kg/hm²，氨挥发为 10～19 kg/hm²，氧化亚氮直接排放为 0.8～2.0 kg/hm²（图 9-4）。这些损失占活性氮总共损失的 87%以上，其他损失（4.1～5.0 kg/hm²）来自氮肥的生产和运输过程。

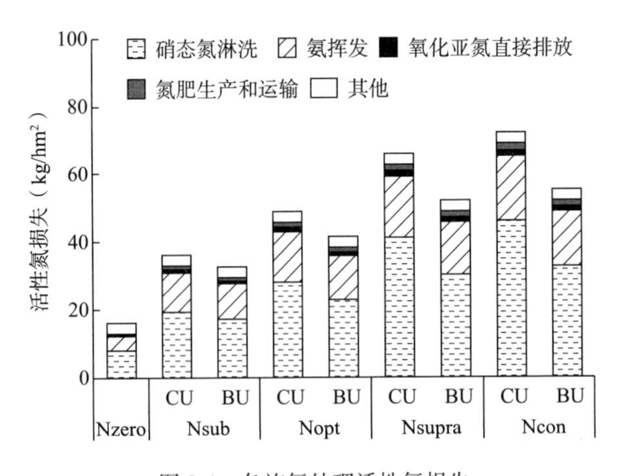

图 9-4 各施氮处理活性氮损失

两年的田间试验结果表明，增加施氮量也将导致氮足迹增加（图 9-5）。与传统尿素分次施用相比，掺混肥一次性施肥处理显著降低了不同施氮水平的氮足迹。这主要是由于掺混肥一次性施肥处理减少了活性氮损失，提高了产量。在所有施氮处理中，掺混肥一次性施肥处理的氮足迹两年平均比传统尿素分次施用降低 19%～37%。

9.4 温室气体排放和碳足迹

各氮肥处理的温室气体排放量随着施氮量增加从 1 107 kg/hm²

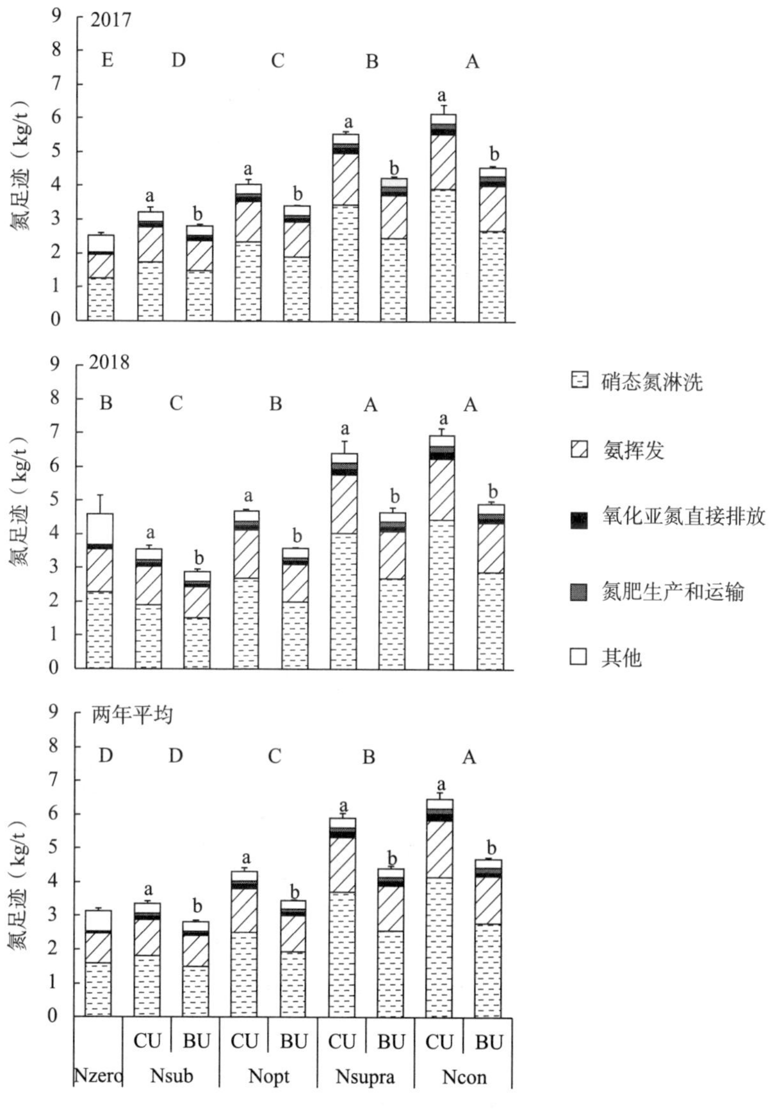

图 9-5 各施氮处理的氮足迹

（二氧化碳当量，下同）增加到 4 104 kg/hm^2（图 9-6）。与传统尿素分次施用相比，掺混肥一次性施肥处理温室气体排放在优化下调施氮量处理降低了 1%，最优施氮量处理降低了 3%，优化上调施氮量处理降低了 6%，农户传统施氮量处理降低了 7%。在所有施氮处理中，与氮肥相关的温室气体排放量占总排放量的 64%～79%。

与传统尿素分次施用相比，掺混肥一次性施肥处理氮肥施用温室气体排放量优化施下调施氮处理减少了 12%，优化施氮处理减少了 19%，优化上调施氮处理减少了 27%，农户传统施氮处理减少了 29%。在氮肥的生产和运输环节，掺混肥比传统尿素增加了 4%的温室气体排放。

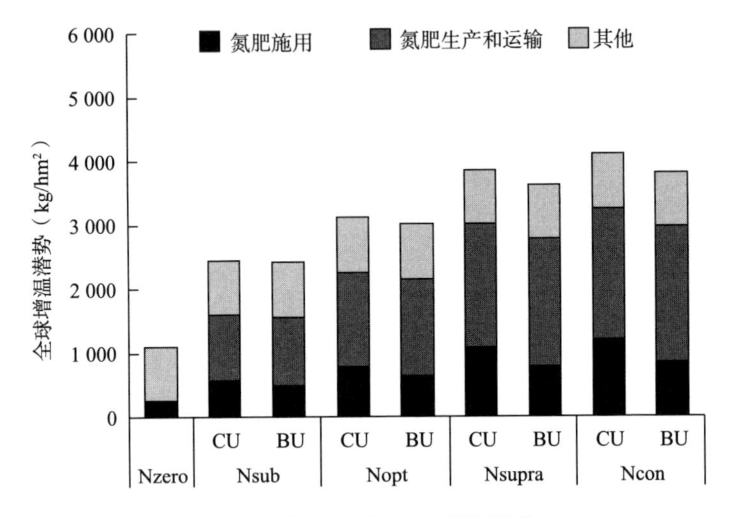

图 9-6　各氮肥处理全球增温潜势

2017 年除优化上调施氮处理外，同一施氮水平下掺混肥一次性施肥处理和传统尿素分次施用处理碳足迹没有显著差异（图 9-7）。与传统尿素分次施用处理相比，2018 年掺混肥一次性施肥处理优化下调施氮和优化施氮处理均显著减少了 8%的

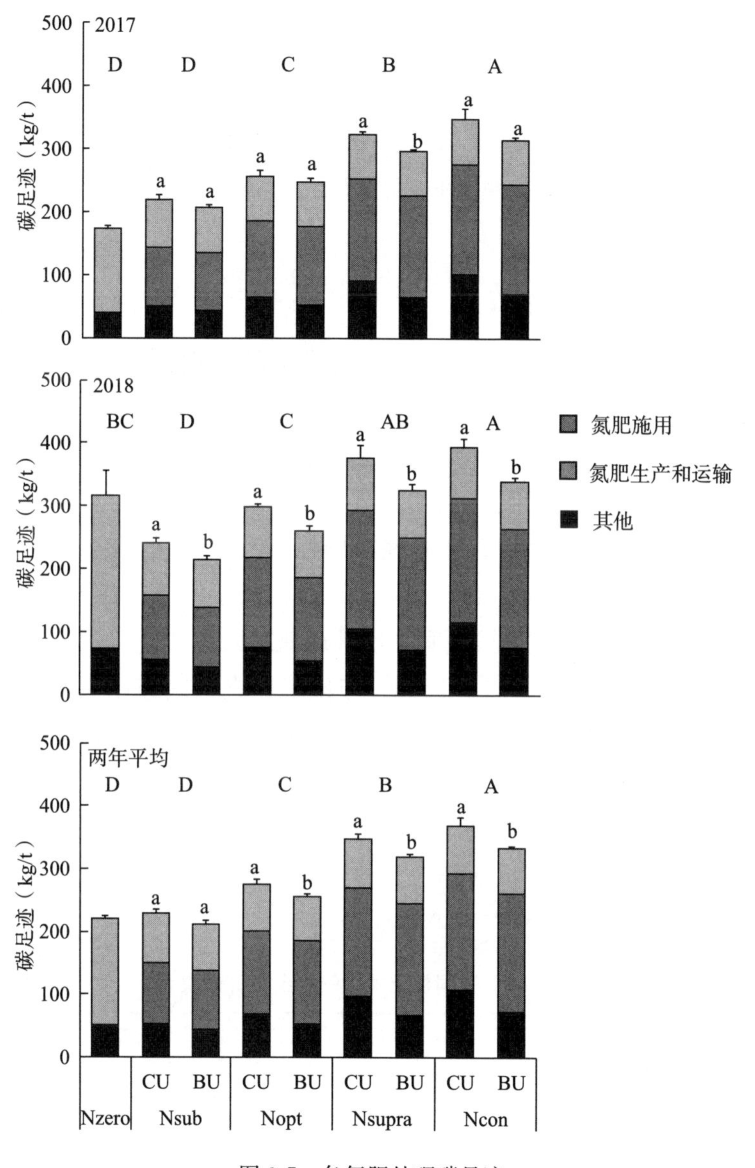

图 9-7 各氮肥处理碳足迹

碳足迹，优化上调施氮处理减少了11%碳足迹，农户传统施氮量处理减少了12%碳足迹。两年平均来看，优化施氮条件下掺混肥一次性施肥处理碳足迹比传统尿素分次施用降低8%，优化上调施氮处理下降低11%，农户传统施氮处理下降低12%。优化下调施氮处理下，两种氮肥处理碳足迹差异不显著。

9.5 社会经济效益

随着施氮量增加，玉米产量收益提高，在优化施氮处理达到稳定水平，高于优化施氮量处理并未持续提高收入（表9-2）。在相同施氮水平下，掺混肥一次性施肥处理与传统尿素分次施用相比，尽管肥料成本增加了12%，但优化下调处理、优化施氮处理和优化上调处理在施肥过程中节省了67%的人工成本，农户传统施氮量下减少了50%人工成本。综合来看，在同一施氮水平下，掺混肥一次性施肥处理比传统尿素分次施用提高了产量收益9%～14%。与传统尿素分次施用相比，掺混肥一次性施肥处理个体经济效益在优化下调处理提高了22%，优化施氮和优化上调处理提高了17%，农户传统施氮处理提高了13%。在所有处理中，掺混肥一次性施肥处理在优化施氮量下达到最大值（1 608美元/hm^2），比农户传统常规施氮处理高21%（1 332美元/hm^2）。

表9-2 不同氮肥处理的社会经济效益

处理	氮肥类型	产量收益	氮肥投入	施肥人工	生态代价	健康代价	个体经济效益	生态经济效益
		(美元/hm^2)						
Nsub	CU	1 463	78	129	90	43	1 257	1 083
	BU	1 667	87	43	83	38	1 538	1 376

（续）

处理	氮肥类型	产量收益	氮肥投入	施肥人工	生态代价	健康代价	个体经济效益	生态经济效益
		（美元/hm²）						
Nopt	CU	1 615	111	129	124	55	1 376	1 155
	BU	1 774	124	43	110	48	1 608	1 409
Nsupra	CU	1 574	144	129	165	68	1 301	1 027
	BU	1 722	161	43	140	58	1 519	1 280
Ncon	CU	1 572	154	86	179	72	1 332	1 039
	BU	1 723	172	43	150	61	1 508	1 257

注：表中数据为两年均值。

不同的施氮水平引起的生态和健康成本范围为 121～251 美元/hm²，相当于相应粮食产量收益的 7%～16%（表 9-2）。与传统尿素分次施用相比，掺混肥一次性施肥在优化下调处理降低生态成本 8%，优化施氮处理降低 11%，优化上调处理降低 15%，农户传统施氮处理降低 17%。同时，优化下调施氮处理健康成本降低了 11%，优化施氮处理降低了 13%，优化上调施氮处理降低了 15%，农户传统施氮处理降低了 16%。在相同施氮水平下，掺混肥一次性施肥的生态经济效益比传统尿素分次施用高 21%～27%。掺混肥一次性施肥方式下优化施氮量处理的生态经济效益最高（1 409 美元/hm²），农户传统施氮处理下采用尿素分次施用的生态经济效益最低（1 039 美元/hm²）。

9.6 讨论和小结

9.6.1 讨论

优化黄淮海地区氮肥管理，是实现玉米绿色可持续生产的重要途径（Vitousek et al.，2009）。本研究表明，基于优化施氮量的掺混肥一次性种肥同播技术，在实现玉米高产的同时可减少氮肥投入 28%，显著提高了氮肥利用效率，减少了碳、氮足迹，提升了系统的整体生态经济社会效益。

前人大量研究表明，在较低产量或中高等产量玉米生产中，一次性施用尿素与控释肥的掺混肥或施用控释肥可提高玉米籽粒产量（Zheng et al.，2017；Zhou et al.，2017）。然而，高产玉米系统氮素需求大，对氮肥管理提出了更高的挑战（Yan et al.，2016；Zhang et al.，2020）。本田间研究结果表明，播种时一次性施用掺混肥，可满足高产玉米全生育期氮素需求（图 9-2）。在正常气候年份的 2017 年，优化施氮下的掺混肥一次性施用达到了较高的产量水平（>11 t/hm^2），在 2018 年吐丝后出现高温胁迫的情况下也实现产量 11 t/hm^2。掺混肥在高温下仍能实现玉米高产的原因可能是由于地下部养分供应与地上部玉米生长养分需求相同步，促进了玉米的生长，提高了干物质的积累，为逆境胁迫下的籽粒形成和发育提供了稳定的物质来源（Yan et al.，2017）。此外，施氮量超过优化施氮量后，玉米籽粒产量和氮素吸收量并未显著提高。

在本研究中，利用掺混肥一次性施肥技术在相同的施氮水平下保持了较高的氮肥利用效率。在优化下调施氮量处理下，掺混肥一次性施肥和传统尿素分次施用的氮肥利用效率在 80%～130%之间，显著高于黄淮地区夏玉米生产水平（26%）（Ju et al.，2009）。超过 100%的氮素利用效率主要在优化下调小区，这一结果可能主要是由于多年的氮肥优化下调管理，该处理土壤氮素盈余偏低。从长期来看，过高的氮肥利用效率可能会导致土壤肥力的潜在下降，降低玉米生产的可持续性

(Zhang et al., 2020)。因此，掺混肥的施用需要与优化施氮量结合起来，才能实现玉米高产、高效、可持续生产的目标。

将活性氮等环境损失降至最低，是在作物生产中氮肥可持续管理的主要目标（Cassman and Dobermann，2021）。大量研究结果表明，控释肥能显著降低田间氧化亚氮排放、硝酸盐淋洗、铵态氮挥发的损失（Xia et al., 2016；Li et al., 2017；Kanter and Searchinger，2018）。掺混肥一次性施肥减少了11%～29%的硝酸盐淋失、11%～13%的氨挥发和13%～31%的氧化亚氮排放直接排放。因此，在相同施氮水平下，掺混肥一次性施肥能够减少 11%～25%的活性氮损失。控释尿素氮素释放与植物氮素需求相匹配，从而降低土壤中无机氮的浓度，降低活性氮排放，减少硝酸盐淋洗（Halvorson and Del Grosso，2013；Chalk et al., 2015；Shi et al., 2018）。在相同的施氮水平下，施用掺混肥显著降低了氮足迹，主要是由于较低的活性氮损失和较高的产量水平。

氮肥施用造成温室气体排放，对生态系统功能构成严重威胁（Gerber et al., 2016）。本研究中，与氮肥相关的温室气体排放占玉米生产中温室气体排放总量的绝大部分，掺混肥一次性施肥降低了温室气体排放 1.3%～6.8%。尽管控释氮肥的生产和运输比普通尿素多排放 0.72 kg/t，但施用掺混肥玉米田温室气体排放的减少大大抵消了这种不良影响（Zhang，2019）。灌溉用电也是黄淮海地区温室气体排放的重要来源，该地区地下水消耗严重，农民不得不抽取深层地下水灌溉，消耗更多的能源（Huang et al., 2020）。两年结果表明，掺混肥一次性施肥显著降低了不同氮水平的碳足迹。

掺混肥一次性施肥优化施氮处理的碳足迹两年平均为 253 kg/t，与中国玉米大田生产（700 kg/t）相比，显著降低，与美国高产玉米系统接近（231 kg/t）（Grassini and Cassman.，2012；Xia et al.，2016）。由于土壤有机碳储量短期内难以观察到变化，本研究未考虑土壤有机碳储量的变化。长期田间试验结果表明，在黄淮海地区小麦和玉米轮作系统中，连续施用控释肥5年后增加了表层土壤的有机质含量（Zheng et al.，2016）。

氮肥管理技术的经济效益和易操作性是农户是否采用的关键。与传统施氮方式相比，基于土壤测试等氮肥优化管理技术可显著提高产量，同时获得较高的氮素利用效率（Meng et al.，2012）。在当前城镇化加快和农村劳动力缺少的情况下，在拔节期或吐丝期追氮，导致劳动力成本提高、经济效益低等问题。本研究表明，一次性施肥可节省一半或三分之二的人工成本。随着工艺和技术的不断进步，控释尿素的价格还会进一步降低（Dimpka et al.，2020）。

氮肥管理产生的活性氮损失和温室气体排放产生了生态和人类健康的经济成本（Gu et al.，2012；Norse et al.，2015）。与传统尿素分次施用相比，在相同氮水平下，一次性施用掺混肥大幅降低了生态和健康成本（12～40 美元/hm^2）。因此，在氮肥管理技术推广时，不应忽视生态和人类健康成本。在优化施氮量的条件下，一次性施用掺混肥处理获得了最高的生态社会经济效益。很多研究指出，优化施氮对减少作物生产中活性氮损失和温室气体排放具有重要作用（Robertson and Vitousek，2009；Chen et al.，2014；Ying et al.，2020）。本研究发现，一次性施用掺混肥可以进一步减少活性氮损失、温室气体排放和相关的生态足迹。

9.6.2 小结

采用田间试验、生命周期和经济效益评估等方法，对黄淮海玉米生产中的氮肥管理进行农艺、环境和社会经济效益等多因素系统评价。与传统尿素分次施用相比，一次性施用掺混肥在保证较高产量和氮肥利用率的基础上，显著降低了氮、碳足迹，提高了生态系统经济效益。本研究为黄淮海地区夏玉米生产氮肥管理提供了可供借鉴的经验，有利于实现绿色可持续生产。

参考文献

张务帅，2019. 我国玉米生产温室气体排放和活性氮损失评价及其减排潜力与调控途径. 北京：中国农业大学.

Azeem B，KuShaari K，Man Z B，et al.，2014. Review on materials & methods to produce controlled release coated urea fertilizer. J. Contr. Rel.，181 (10)：11-21.

Cassman K G，Dobermann A，2021. Nitrogen and the future of agriculture：20 years on. Ambio，51：17-24.

Chai R，Ye X，Ma C，et al.，2019. Greenhouse gas emissions from synthetic nitrogen manufacture and fertilization for main upland crops in China. Carbon Bal. Manage.，14 (1)：20.

Chalk P M，Craswell E T，Polidoro J C，et al.，2015. Fate and efficiency of ^{15}N-labelled slow- and controlled-release fertilizers. Nutr. Cycl. Agroec.，102：167-178.

Chen X，Cui Z，Vitousek P M，et al.，2011. Integrated soil-crop system management for food security. Proc. Natl. Acad. Sci.，108 (16)：6399-6404.

Chen X，Cui Z，Fan M，et al.，2014. Producing more grain with lower environmental costs. Nature，514 (7523)：486-489.

Chien S H，Prochnow L I，Cantarella H，2009. Chapter 8 Recent developments of fertilizer production and use to improve nutrient efficiency and minimize environmental impacts. Adv. Agron，102：267-322.

Conant R T，Ogle S M，Paul E A，et al.，2010. Measuring and monitoring soil organic carbon stocks in agricultural lands for climate mitigation. Front. Ecol. Environ.，9（3）：169-173.

Cui Z，Chen X，Miao Y，et al.，2008. On-farm evaluation of the improved soil N_{min}-based nitrogen management for summer maize in North China Plain. Agron. J.，100（3）：517-525.

Cui Z，Yue S，Wang G，et al.，2013. Closing the yield gap could reduce projected greenhouse gas emissions：a case study of maize production in China. Glob. Chang. Biol.，19（8）：2467-2477.

Dimkpa C O，Fugice J，Singh U，et al.，2020. Development of fertilizers for enhanced nitrogen use efficiency - Trends and perspectives. Sci. Total Environ.，731（20）：139113.

Drury C F，Reynolds W D，Yang W，et al.，2012. Nitrogen source，application time，and tillage effects on soil nitrous oxide emissions and corn grain yields. Soil Sci. Soc. Am. J.，76（4）：1268-1279.

Fan M，Shen J，Yuan L，et al.，2012. Improving crop productivity and resource use efficiency to ensure food security and environmental quality in China. J. Exp. Bot.，63（1）：13-24.

FAO，2021. FAOSTAT. Food and Agriculture Organization of the United Nations，Rome. Available at http：//faostat. fao. org.

Foley J，Ramankutty N，Brauman K，et al.，2011. Solutions for a cultivated planet. Nature，478（7369）：337-342.

Geng J，Chen J，Sun Y，et al.，2016. Controlled release urea improved nitrogen use efficiency and yield of wheat and corn. Agron. J.，103（2）：1666-1673.

Gerber J S，Carlson K M，Makowski D，et al.，2016. Spatially explicit estimates of N_2O emissions from croplands suggest climate mitigation opportunities from improved fertilizer management. Glob. Chang. Biol.，22（10）：3383-3394.

Grassini P，Cassman K G，2012. High-yield maize with large net energy yield and small global warming intensity. Proc. Natl. Acad. Sci., 109 (4): 1074-1079.

Gu B, Ge Y, Ren Y, et al., 2012. Atmospheric reactive nitrogen in China: Sources, recent trends, and damage costs. Environ. Sci. Technol., 46 (17): 9420-9427.

Guo J, Wang Y, Blaylock A D, et al., 2017. Mixture of controlled release and normal urea to optimize nitrogen management for high-yielding (>15 t/hm^2) maize. Field Crop Res., 204: 23-30.

Halvorson A D, Del Grosso S J, 2013. Nitrogen placement and source effects on nitrous oxide emissions and yields of irrigated corn. J. Environ. Qual., 42 (2): 312-322.

Hill J, Goodkind A, Tessum C, et al., 2019. Air-quality-related health damages of maize. Nat. Sustain., 2 (5): 397-403.

Huang G, Hoekstra A Y, Krol M S, et al., 2020. Water-saving agriculture can deliver deep water cuts for China. Resour. Conserv. Recycl., 154: 104578.

Jat S L, Parihar C M, Singh A K, et al., 2019. Energy auditing and carbon footprint under long-term conservation agriculture-based intensive maize systems with diverse inorganic nitrogen management options. Sci. Total Environ., 664: 659-668.

Ju X, Xing G, Chen X, et al., 2009. Reducing environmental risk by improving N management in intensive Chinese agricultural systems. Proc. Natl. Acad. Sci., 106 (9): 3041-3046.

Ju X, Gu B, Wu Y, et al., 2016. Reducing China's fertilizer use by increasing farm size. Glob. Environ. Chang., 41: 26-32.

Kanter J R, Searchinger T, 2018. A technology-forcing approach to reduce nitrogen pollution. Nat. Sustain., 1 (10): 544-552.

Li C, Wang Y, Li Y, et al., 2020. Mixture of controlled-release and normal urea to improve nitrogen management for maize across contrasting soil types. Agron. J., 112 (4): 3103-3113.

Li T，Zhang W，Yin J，et al.，2017. Enhanced-efficiency fertilizers are not a panacea for resolving the nitrogen problem. Glob. Chang. Biol.，24（2）：511-521.

Li T，Zhang X，Gao H，et al.，2019. Exploring optimal nitrogen management practices within site-specific ecological and socioeconomic conditions. J. Clean. Prod.，241：118-205.

Liu B，Chen X，Meng Q，et al.，2017. Estimating maize yield potential and yield gap with agro-climatic zones in China—Distinguish irrigated and rainfed conditions. Agric. For. Meteorol.，239：108-117.

Liu X，Xu W，Du E，et al.，2020. Environmental impacts of nitrogen emissions in China and the roles of policies in emission reduction. Philos. Trans. R. Soc. Lond，378（2183）：20190324.

Meng Q，Chen X，Zhang F，et al.，2012. In-season root-zone nitrogen management strategies for improving nitrogen use efficiency in high-yielding maize production in China. Pedosphere，22（3）：294-303.

Naz M Y，Sulaiman S A，2016. Slow release coating remedy for nitrogen loss from conventional urea：a review. J. Contr. Rel.，225：109-120.

Norse D，Ju X，2015. Environmental costs of China’s food security. Agric. Ecosyst. Environ，209：5-14.

Robertson G P，Vitousek P M，2009. Nitrogen in agriculture：Balancing the cost of an essential resource. Annu. Rev. Environ. Resour.，34：97-125.

Sadeghi S M，Noorhosseini S A，Damalas C A，2018. Environmental sustainability of corn（*Zea mays* L.）production on the basis of nitrogen fertilizer application：The case of Lahijan，Iran. Renew. Sust. Energ. Rev.，95：48-55.

Shi N，Zhang Y，Li Y，et al.，2018. Water pollution risk from nitrate migration in the soil profile as affected by fertilization in a wheat-maize rotation system. Agr. Water Manage.，210：124-129.

Shiferaw B，Prasanna B，Hellin J，et al.，2011. Crops that feed the world 6. Past successes and future challenges to the role played by maize in global food security. Food Sec., 3: 307-327.

Song X, Liu M, Ju X, et al., 2018. Nitrous oxide emissions increase exponentially when optimum nitrogen fertilizer rates are exceeded in the North China Plain. Environ. Sci. Technol., 52 (21): 12504-12513.

Tilman D, Cassman K G, Matson P A, et al., 2002. Agricultural sustainability and intensive production practices. Nature, 418 (6898): 671-677.

Tilman D, Balzer C, Hill J, et al., 2011. Global food demand and the sustainable intensification of agriculture. Proc. Natl. Acad. Sci., 108 (50): 20260-20264.

Timilsena Y D, Adhikari R, Casey P, et al., 2014. Enhanced efficiency fertilisers: a review of formulation and nutrient release patterns. J. Sci. Food Agric., 95 (6): 1131-1142.

Vitousek P M, Naylor R, Crews T, et al., 2009. Nutrient imbalances in agricultural development. Science, 324: 1519-1520.

Xia L, Ti C, Li B, et al., 2016a. Greenhouse gas emissions and reactive nitrogen releases during the life-cycles of staple food production in China and their mitigation potential. Sci. Total Environ., 556: 116-225.

Xia L, Lam S K, Chen D, et al., 2016b. Can knowledge-based N management produce more staple grain with lower greenhouse gas emission and reactive nitrogen pollution? A meta-analysis. Glob. Chang. Biol., 23 (5): 1917-1925.

Yan P, Yue S, Meng Q, et al., 2016. An understanding of the accumulation of biomass and nitrogen is benefit for Chinese maize production. Agron. J., 108 (2): 895-904.

Yan P, Chen Y, Dadouma A, et al., 2017. Effect of nitrogen regimes on narrowing the magnitude of maize yield penalty caused by high temperature stress in North China Plain. Plant Soil Environ., 63 (3): 131-138.

Ying H, Ye Y, Cui Z, et al., 2017. Managing nitrogen for sustainable wheat production. J. Clean. Prod., 162: 1308-1316.

Ying H, Xue Y, Yan K, et al., 2020. Safeguarding food supply and groundwater safety for maize production in China. Environ. Sci. Technol., 54 (16): 9939-9948.

Yu C, Huang X, Chen H, et al., 2019. Managing nitrogen to restore water quality in China. Nature, 567 (7749): 516-520.

Zhang L, Liang Z., He X., et al., 2020. Improving grain yield and protein concentration of maize (*Zea mays* L.) simultaneously by appropriate hybrid selection and nitrogen management. Field Crop Res., 249: 107754.

Zhang W, Liang Z, He X, et al., 2019. The effects of controlled release urea on maize productivity and reactive nitrogen losses: A meta-analysis. Environ. Pollut., 246: 559-565.

Zhang X, Davidson E, Mauzerall D, et al., 2015. Managing nitrogen for sustainable development. Nature, 528 (7580): 51-59.

Zheng W, Sui C, Liu Z, et al., 2016. Long-term effects of controlled-release urea on crop yields and soil fertility under wheat-corn double cropping systems. Agron. J., 108 (4): 1703-1716.

Zheng W, Liu Z, Zhang M, et al., 2017. Improving crop yields, nitrogen use efficiencies, and profits by using mixtures of coated controlled-released and uncoated urea in a wheat-maize system. Field Crop Res., 205: 106-115.

Zheng W, Wan Y, Li Y, et al., 2020. Developing water and nitrogen budgets of a wheat-maize rotation system using auto-weighing lysimeters: Effects of blended application of controlled-release and un-coated urea. Environ. Pollut., 263: 114383.

Zhou J, Li B, Xia L, et al., 2019. Organic-substitute strategies reduced carbon and reactive nitrogen footprints and gained net ecosystem economic benefit for intensive vegetable production. J. Clean. Prod., 225 (10): 984-994.

Zhou Z, Shen Y, Du C, et al., 2017. Economic and soil environmental benefits of using controlled-release bulk blending urea in the North China Plain. Land Degrad. Dev., 28 (8): 2370-2379.

第10章　化肥减施技术的示范推广

对化肥减施增效技术进行了集成，通过典型示范、辐射带动等多种途径和方法，利用现有技术推广体系，扩大技术的推广覆盖面。在北京、河南、河北、山东等地进行了示范推广和技术培训，为促进粮食增产、农民增收、肥料减施、保障国家粮食安全提供了有力的技术支撑。

10.1　主要技术集成

在总结黄淮地区夏玉米化肥减施单项技术的基础上，形成了两个技术体系：夏玉米种肥同播一次性施肥技术体系（技术体系 1）和化肥有机替代减施增效技术体系（技术体系 2）。其中，在技术体系 1 中，主要包括 4 项关键技术，分别是：夏玉米养分需求新特点、优质高效夏玉米品种的利用、高效新型肥

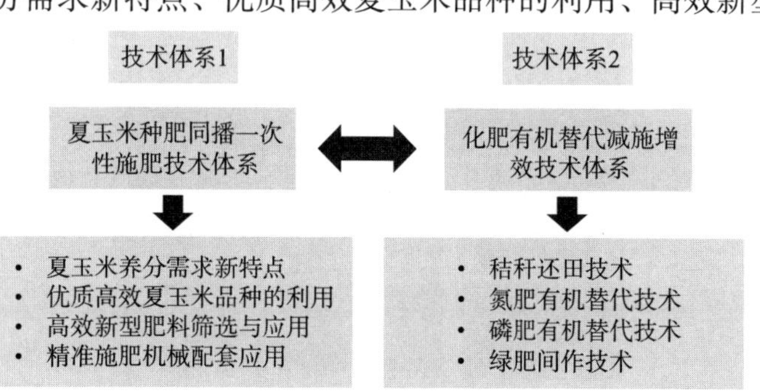

图 10-1　两大技术体系

料筛选与应用、精准施肥机械配套应用。在技术体系 2 中，也是主要包括 4 项关键技术：秸秆还田技术、氮肥有机替代技术、磷肥有机替代技术、绿肥间作技术。同时，在实际应用中，注重上述关键技术之间的集成效应（图 10-1）。

10.2 示范推广体系

技术的建立和示范推广由中国农业大学、中国科学院南京土壤研究所、中国农业科学院作物科学研究所、北京市农林科学院、河南农业大学等多家单位联合开展。

10.2.1 建立研究示范基地

建立了包含 10 个点联网研究和示范平台基地，覆盖黄淮海典型生态区和土壤类型。试验示范地点分布在北京房山，河北吴桥和曲周，山东济阳，河南封丘、西平、许昌、浚县、青丰、新乡等地（图 10-2 至图 10-5）。

图 10-2 河南许昌点品种对比示范

图 10-3 河南封丘点秸秆还田示范

图 10-4 北京市房山区石楼镇新型缓控释肥试验示范

图 10-5 河南新乡实验站施肥机械试验示范

10.2.2 培训和现场会

针对黄淮海不同区域夏玉米养分管理问题，组织专家有针对性地举办培训班。针对企业人员、种植大户、小农户的特点，开展不同规模和形式的培训。

10.2.2.1 会议培训（图 10-6）

图 10-6 种植大户和经销商培训

10.2.2.2 现场讲解（图 10-7）

图 10-7 “黄淮海夏玉米减施增效技术集成与示范”现场会

10.2.2.3 针对小农户的“游击战”培训（图 10-8 至图 10-11）

图 10-8 禹州市顺店镇康城村（2018 年 7 月 14 日）

图 10-9 临颍县杜曲镇坡李村（2018 年 7 月 25 日）

图 10-10 临颍县杜曲镇谷庄村（2018 年 7 月 26 日）

图 10-11　临颍县杜曲镇张庄村（2018 年 7 月 27 日）

10.2.2.4　举办田间现场观摩会（图 10-12）

图 10-12　中国科学院封丘实验站现场会（2019 年 7 月 20 日）

2019 年 7 月 20 日，国家重点研发计划专项项目“黄淮海夏玉米化肥农药减施技术集成研究与示范”（2018YFD0200600）化肥减施新技术田间观摩会在中国科学院南京土壤研究所封丘生态实验站开展。中国农业大学牵头开展了本次现场示范活动，来自黄淮海地区农业科学院等近 20 家课题主持或参加单位的项目骨干、研究生及特邀专家共 100 余人参加了此次会议。

10.2.2.5　疫情暴发的情况下，采取了线上＋线下培训相结合的方式

在新冠疫情暴发的情况下，通过中原科普讲坛，“抗疫情农技知识”直播大讲堂等形式，开展农业技术培训服务。多位教师和同学，通过线上直播进行农业技术培训（图 10-13），对夏玉米化肥减施增效技术进行了广泛的宣传与推广。2020 年和 2021 年共计培训次数 20 次以上，累积观看人数万人以上。

图 10-13　疫情期间线上培训

10.3　示范应用效果

2019—2020 年，开展了玉米施肥相关大型培训会、观摩会 3 次，小型培训会 8 场，累计培训农技人员、种植大户、小农户等 2 000 余人次。黄淮海地区化肥减施增效技术发表论文

14篇，出版《欧盟水肥一体化》译著1部，培养研究生9名。申请专利3项，获批1项人才团队项目。

2019年度在封丘潘店镇进行集中试验示范，示范面积1.33 hm^2。经过秋季实收测产分析，一次性施肥技术在示范区的平均产量为12.3 t/hm^2，农民平均产量9.375 t/hm^2，增产31%，肥料利用率提高10%以上。一次性施肥技术获得了较好的社会经济效益。

附表 Meta分析文献列单

	试验地	题目	时间（年）
1	河北省曲周县	冬小麦-夏玉米轮作下灌溉农田水氮平衡的定量评价	1999
2	北京市海淀区	Nitrogen dynamics and budgets in a winter wheat-maize cropping system in the North China Plain	1999
3	北京市房山区	包衣尿素在田间的溶出特征和对夏玉米产量及氮肥利用率影响的研究	2002
4	河北省吴桥县	包膜尿素在华北平原夏玉米上的应用	2004
5	河北省沧州市	包膜复合肥对夏玉米产量、氮肥利用率与土壤速效氮的影响	2004
6	山东省泰安市	不同地力水平下控释尿素对夏玉米产量的影响	2004
7	河北省沧州市	氮肥类型对夏玉米及后作冬小麦产量与水、氮利用的影响	2004
8	山东省泰安市	控释肥对夏玉米产量及田间氨挥发和氮素利用率的影响	2005
9	北京市海淀区	不同氮肥管理下土壤-夏玉米系统氮素动态与利用研究	2006
10	山东省泰安市	控释尿素施用方式及用量对夏玉米氮肥效率和产量的影响	2006
11	山东省泰安市	控释肥和水分调控对玉米氮水利用、产量及品质的影响	2006

（续）

	试验地	题目	时间（年）
12	山东省济南市	不同肥料运筹对夏玉米的生产效应	2006
13	河南省温县	不同施肥方式对夏玉米碳水化合物代谢关键酶活性的影响	2006
14	河南省浚县	超高产夏玉米植株氮素积累特征及一次性施肥效果研究	2007
15	河北省保定市	华北平原冬小麦-夏玉米轮作体系中肥料氮去向及氮素气态损失研究	2007
16	河北省衡水市	优化施氮下冬小麦/夏玉米轮作农田氮素循环与平衡研究	2007
17	山东省泰安市	不同释放期包膜控释尿素与普通尿素配施在夏玉米上的应用效果研究	2008
18	山东省泰安市	不同量的包膜控释尿素与普通尿素配施在夏玉米上的应用研究	2008
19	河南省郑州市	不同控释肥对夏玉米源库流特性的影响	2008
20	山东省泰安市	控释尿素对土壤氨挥发和无机氮含量及玉米氮素利用率的影响	2008
21	河南省封丘县	新型肥料对夏玉米产量及籽粒蛋白的影响	2008
22	河北省安新县	不同施肥措施对夏玉米产量和土壤硝态氮淋失的影响	2008
23	山东省桓台县	不同类型氮肥对夏玉米产量、氮肥利用率及土壤氮素表观盈亏的影响	2008
24	河北省石家庄市	施氮水平对太行山前平原冬小麦-夏玉米轮作体系土壤温室气体通量的影响	2008
25	山东省淄博市桓台县	施肥对冬小麦夏玉米轮作生态系统温室气体排放的影响	2008
26	山东省泰安市	玉米农田不同控氮比掺混肥及运筹方式的应用效应研究	2008

（续）

	试验地	题目	时间（年）
27	北京市房山区	硫包衣尿素在夏玉米上的应用效果研究	2009
28	河南省封丘县	控释肥对小麦-玉米产量及养分吸收的影响	2009
29	河南省浚县	缓/控释氮肥对晚收夏玉米产量及氮肥效率的影响	2009
30	河北省沧州市	控释尿素对夏玉米产量、氮肥利用效率及土壤硝态氮的影响	2009
31	河北省沧州市	不同类型氮肥对夏玉米氮素累积、转运与氮肥利用的影响	2009
32	山东省聊城市	不同控释氮肥对夏玉米同化物积累及氮平衡的影响	2009
33	河南省封丘县	控释肥对小麦-玉米产量及养分吸收的影响	2009
34	山东省泰安市	华北平原不同水肥及栽培模式下的农田氮素损失及水氮利用效率定量评价	2009
35	山东省桓台市	控释掺混肥对夏玉米产量及土壤硝态氮和铵态氮分布的影响	2010
36	山东省泰安市	深松和施氮对夏玉米产量及氮素吸收利用的影响	2010
37	河南省驻马店市	控释肥料基施及普通尿素不同基追比对夏玉米产量及氮肥利用率的影响	2010
38	山东省莱州市	不同时期施用控释肥对夏玉米生长和产量影响的研究	2011
39	山东省泰安市	施氮量对不同氮效率玉米品种根系时空分布及氮素吸收的调控	2011
40	河北省保定市	不同氮肥管理下典型农田 N_2O 和 CH_4 净交换特征研究	2011

（续）

	试验地	题目	时间（年）
41	山东省泰安市	耕作方式和包膜尿素对夏玉米田土壤 N_2O 排放的影响	2011
42	山东省桓台县	高产粮区不同施肥模式下农田氮素损失途径及水氮利用效率分析——以桓台县为例	2011
43	山东泰安	包膜尿素施用时期对夏玉米产量和氮素积累特性的影响	2012
44	河北省廊坊市	华北平原沙质土壤夏玉米对肥料类型及施肥方法的响应研究	2012
45	河北省邯郸市	冬小麦夏玉米轮作施氮量及施氮方式对 N_2O 排放的影响	2012
46	山东省德州市	不同类型玉米控释肥的应用效果研究	2013
47	河南省新乡市延津县	控释尿素在夏玉米上的应用效果研究	2013
48	安徽省滁州市	栽培模式和复合肥类型对隆平206光合特性及产量构成的影响	2013
49	山东省德州市	不同类型玉米控释肥的应用效果研究	2013
50	河北省保定市	冬小麦/夏玉米轮作系统不同氮肥管理方式的生物效应及 N_2O 排放特征研究	2013
51	河南省新乡市	减氮和施生物炭对华北夏玉米-冬小麦田土壤 CO_2 和 N_2O 排放的影响	2013
52	山东省淄博市	氮肥、耕作和秸秆还田对作物生产和温室气体排放的影响	2013
53	山东省泰安市	不同用量长效控释肥对夏玉米生长发育及产量的影响	2014
54	山东省泰安市	不同栽培模式对夏玉米根系性能及产量和氮素利用的影响	2014

（续）

	试验地	题目	时间（年）
55	河北省廊坊市	脲甲醛缓释肥的制备及其肥料效应研究	2014
56	山东省泰安市	不同施氮方式对夏玉米产量和氮素利用效率的影响	2014
57	山东省滨州市	滨海盐碱地控释掺混肥配施调理剂对玉米生长的影响	2014
58	河北省廊坊市	不同氮肥缓释化处理对夏玉米田间氨挥发和氮素利用的影响	2014
59	山东省泰安市	控释尿素在小麦-玉米轮作体系中的养分高效利用研究	2014
60	山东省泰安市	次性施肥技术对冬小麦/夏玉米轮作系统土壤 N_2O 排放的影响	2014
61	山东省泰安市	秸秆还田配施控释掺混尿素对玉米产量和土壤肥力的影响	2014
62	山东省泰安市	控释肥施用对土壤 N_2O 排放的影响——以华北平原冬小麦/夏玉米轮作系统为例	2014
63	山东省泰安市	长期有机无机肥配施对夏玉米田土壤肥力及氮素平衡的影响	2014
64	山东省淄博市	不同氮肥一次性施肥技术对夏玉米产量及相关性状的影响	2015
65	河南省鹤壁市	包膜尿素与普通尿素配施减氮对夏玉米产量及氮肥效率的影响	2015
66	河南省鹤壁市	专用缓释肥对夏玉米产量及肥料利用率的影响	2015
67	河南省驻马店市	黄淮海夏玉米一次性施肥技术效应研究	2015
68	山东省泰安市	硫膜和树脂膜控释尿素对土壤硝态氮含量及氮素平衡和氮素利用率的影响	2015

（续）

	试验地	题目	时间（年）
69	安徽省太和市	一次性根区穴施尿素提高夏玉米产量和养分吸收利用效率	2015
70	山东省泰安市	包膜尿素氮素释放特征及在春玉米上的应用效果	2015
71	河南省周口市	底施不同控释肥对玉米生物性状及产量的影响	2015
72	山东省莱州市	控释尿素与水分互作对夏玉米生理特性的影响及氮高效利用机理研究	2015
73	山东省泰安市	不同耕作方式与氮肥类型对夏玉米光合性能的影响	2015
74	河南省驻马店市	夏玉米作物上一次性施用控施肥料节肥增效技术研究	2015
75	山东省德州市	控释氮肥施用位置对夏玉米产量及养分利用的影响	2015
76	山东省德州市	控释氮肥施用位置对夏玉米产量及养分利用的影响	2016
77	北京房山区	适宜施氮量降低京郊小麦-玉米农田 N_2O 排放系数增加产量	2016
78	山东省德州市	不同类型控释肥和氮素用量对夏玉米的影响	2018
79	山东省新泰市	玉米控释肥节本增效田间试验	2018
80	山东省济南市	施氮水平对不同玉米品种灌浆特性及氮素吸收利用的影响	2018
81	山东省日照市	不同肥料配比对玉米农艺性状及产量的影响试验	2018
82	山东省济南市	施氮水平对不同品种夏玉米产量和灌浆特性的影响	2019

（续）

	试验地	题目	时间（年）
83	河北省保定市	氮素调控对玉米氮素利用和温室气体排放的影响	2019
84	山东省德州市	山东省冬小麦-夏玉米轮作体系土壤氮素盈余指标体系的构建与评价——以德州市为例	2019

图书在版编目（CIP）数据

黄淮海夏玉米化肥减施增效绿色生产关键技术 / 孟庆锋，陈新平主编 .—北京：中国农业出版社，2024.11

（黄淮海夏玉米化肥农药减施技术集成研究与应用成果丛书）

ISBN 978-7-109-28435-7

Ⅰ.①黄…　Ⅱ.①孟… ②陈…　Ⅲ.①黄淮海平原—玉米—合理施肥—研究　Ⅳ.①S513.62

中国版本图书馆 CIP 数据核字（2021）第 120813 号

黄淮海夏玉米化肥减施增效绿色生产关键技术

HUANGHUAIHAI XIAYUMI HUAFEI JIANSHI ZENGXIAO LÜSE SHENGCHAN GUANJIAN JISHU

中国农业出版社出版

地址：北京市朝阳区麦子店街 18 号楼

邮编：100125

责任编辑：魏兆猛

版式设计：王　晨　　责任校对：吴丽婷

印刷：中农印务有限公司

版次：2024 年 11 月第 1 版

印次：2024 年 11 月北京第 1 次印刷

发行：新华书店北京发行所

开本：880mm×1230mm　1/32

印张：6.5

字数：152 千字

定价：39.00 元
